世界博物馆最新发展译丛（第二辑） 主编◎宋娴

博物馆人员与项目管理

有效策略

[美] 玛莎·莫里斯◎著
蒋臻颖◎译　潘守永◎审校

复旦大学出版社

上海科技传播智库系列成果

关于作者

玛莎·莫里斯（Martha Morris），乔治·华盛顿大学荣休副教授，拥有超过45年的博物馆管理经验。她的职业生涯始于科科伦美术馆的藏品登录与管理工作，后在史密森美国国家历史博物馆担任副馆长。她还是中大西洋博物馆协会理事会成员，以及建筑博物馆研讨会的创始项目主席。她在工作和教学中一直专注于管理实践，包括战略规划、项目管理、团队建设、员工发展和设施项目，并在藏品规划与管理、展览开发、人员配置、博物馆设施项目、博物馆合并以及21世纪领导技巧等主题上设计工作坊，进行演讲和写作。

关于本书

随着博物馆及其他非营利机构对管理不断增长的认识需求,《博物馆人员与项目管理:有效策略》一书应运而生。它是作者对其长期教授的博物馆管理系列课程的总结,也包含了其他从业人员的经验与教训。在回顾了当今博物馆发展环境,对高效管理体系的需求与面对的挑战之后,本书在第二章首先介绍了博物馆在初期建设与战略规划阶段基于现代管理理论的详细策略步骤。第三和第四章从博物馆的重要资源——人力资源——出发,阐述了包括人员架构、招聘、培训发展与行业特殊性在内的博物馆员工管理策略,以及21世纪博物馆领导者应具备的品质、能力与责任。本书在开头提出现代博物馆的具体工作多数以项目制展开,因此第五到第九章着重讲述博物馆中的项目管理,介绍了一系列可实际运用的项目启动和前期规划,项目详细计划(例如人员、时间表、运算、评估等)的制订,项目团队的建立,团队的管理和维护,以及项目后期评估的策略。最后,作者展示了九个不同类型与规模的博物馆的真实项目案例,使读者不仅可以看到项目背景、管理模式、项目成效及管理者的经验分享,也能引发其对全书内容的深层思考。本书适合包括博物馆在内的非营利机构的管理者阅读,也可作为博物馆学及图书馆学的参考书目。

前　言

对这本书的需求是显而易见的。博物馆领域需要强大的管理与领导能力，来维持和复杂世界的联系，并迎接挑战。支持项目有效实施和响应员工生产力需求的管理体系往往是特别缺失的。如今博物馆中的大部分工作是以项目为基础的。比如说，收藏工作、更新改造、展览和公共项目都需要资源（资金、时间、空间和个人的努力）的组织协调。许多博物馆都在使用的项目管理系统有时候会失效，其原因在于人力资源管理的关键部分。这本书将概述博物馆人员与项目管理中的最佳实践。

在1980年代末和1990年代早期，我是史密森学会下设的美国国家历史博物馆（National Museum of American History）制定正规项目管理计划的团队成员。我的同事罗恩·贝克尔（Ron Becker）和道格拉斯·埃韦林（Douglas Evelyn）是其中的高级管理人员，他们尤其坚信改进我们展览管理的重要性。我们持续改善这个计划并在1990年代中期设立了项目管理办公室。博物馆员工的正式培训和项目经理职位随之而来。今天，史密森美国国家历史博物馆继续沿用着项目管理体系，其他许多史密森博物馆也是如此。我的研究显示，这一项目管理体系正在为美国和全世界的博物馆所使用。

1993年，应乔治·华盛顿大学博物馆学系主任玛丽·马拉罗（Marie Malaro）之邀，我开设了一门"人员与项目管理"课程。这门课的目的是将实用的、受纪律约束的管理概念和对人员在成功组织机构中所起到的作用的理解结合起来。这门课涉及的大部分内容来自我在MBA时期的研究以及正在进行的对组织发展的学习。从我自己管理大型复杂组织项目以及努力以领域内最佳实践为基准的专业角色出发，我为课程带去一些案例研究。项目管理课程一直是乔治·华盛顿大学博物馆学系项目的重要内容。在教授了这门课程24年后，为了帮助刚刚起步的与经验丰富的博物馆专业人员，将这些课程编辑出版是自然的一步。

希望这本书可以服务于许多读者，包括博物馆和非营利机构的理事会、行政主管、部门主管和员工，还有博物馆顾问、志愿者和实习生。本书还能作为博物馆学和图书馆学亟需的教材。美国州与地方历史协会（AASLH）、博物馆与图书馆服务协会（IMLS）已经组织了项目管理人员的训练课程。

在本书里，读者会找到有关管理项目的实践指南，获得个人在工作场所中的角色、个人对组织机构的成功所起到的关键作用等重要启示。在本书中，我同时阐述了商业管理理论与博物馆实践。这些章节配以博物馆从业人员的经验之谈，以及该领域和跨领域的文献。值得一提的是，本书包含了组织行为理论，有关战略规划、员工和人力资源发展方面的关键性步骤，以及领导者的关键作用等内容。书中还包含当代领导者面临的挑战和必备的技能，以及与之相关的道德决策。部分章节有关项目选择和管理、政策和流程，提示了如何对不可避免的隐患加以处理。决策体系是确保项目能满足组织机构需求的重要因素。本书会提到项目规划机制，包括可行性研究、任务书设立、时间表建立、任务分配，还有预算制定。作为博物馆项目共同隐患的管理问题将会得以凸显。本书的重要部分强调了对个人差异和沟通的理解，并以此检视高效团队的形成。本书还特别强调了团队管理和冲突处理过程，关注了高效的项目经理的重要性。书的最后章节包括对成功项目的评估和九个来自不同类型和规模的博物馆的案例研究集。这些案例研究涉及展览和衍生服务、博物馆建设和中小型博物馆的经费申请。附录包括实用的项目决策模板、图表和其他当今博物馆使用的管理工具。本书还为读者设置了两次课堂练习，以此来检验他们在解决项目管理困境中的专业技能。

我要感谢许多为本书出版提供帮助的人。首先要感谢的是乔治·华盛顿大学科科伦艺术与设计学院助理院长金姆·赖斯（Kym Rice）博士，她鼓励我实施这项计划以及进行其他很多专业努力，并且确保我有时间来开发和分享这些课程。同时感谢我在史密森学会的同事，包括哈罗德·克洛斯特（Harold Closter）、斯宾塞·克鲁（Spencer Crew）、丹尼斯·迪金森（Dennis Dickinson）、南奇·爱德华兹（Nanci Edwards）、帕特里克·赖登（Patrick Ladden）、凯特·弗莱明（Kate Fleming）、劳伦·特尔钦-卡茨（Lauren Telchin-Katz）和其他多年间相信项目管理的重要性的人。我还要感谢美国州与地方历史协会的鲍勃·贝亚蒂（Bob Beatty）、谢丽·库克（Cherie Cook）和史蒂文·霍斯金斯（Steven Hoskins）博士，他们多年来策划实施了这个主题的系列工作坊。还有玛丽·卡斯（Mary Case）、格雷格·史蒂文斯（Greg Stevens）、温迪·卢克（Wendy Luke）、玛莎·泽梅尔（Marsha Semmel）、L. 卡萝尔·沃顿（L. Carole Wharton）

与沃尔特·克里姆（Walter Crimm），他们为课堂带来了很好的想法。本书呈现的许多最佳实践的优秀案例来自该领域的从业者，包括丽萨·克雷格·布里森（Lisa Craig Brisson）、罗伯特·伯恩斯（Robert Burns）、辛纳姆·卡特琳-来古特科（Cinnamon Catlin-Legutko）、佩吉·戴（Peggy Day）、凯西·弗兰克尔（Cathy Frankel）、里克·哈丁（Rick Hardin）、特雷弗·琼斯（Trevor Jones）、伊莱恩·哈金斯（Elaine Harkins）、艾琳·洛德（Allyn Lord）、史蒂文·米勒（Steven Miller）、杰西卡·帕尔米耶里（Jessica Palmieri）、劳拉·菲利普斯（Laura Phillips）、乔什·萨维尔（Josh Sarver）、克里斯塔·斯特布勒（Christa Stabler）、凯丽·托马克（Kelly Tomajko）、丹尼尔·图斯（Daniel Tuss）和斯蒂芬妮·夏皮罗（Stephanie Shapiro）。

最后，我要感谢我的编辑查尔斯·哈蒙（Charles Harmon）在本书写作和编辑期间给予的指导和鼓励。特别要感谢我的丈夫乔·香农（Joe Shannon），他是一个完美的团队建设者和项目领导者，一直耐心支持着我的研究、教学与写作。

目录

第一章　引言 / 1
　　当今的博物馆环境 / 1
　　为什么需要项目管理？/ 3
　　为什么需要管理人员？/ 4
　　人员管理理论 / 5

第二章　整体情况——战略规划与组织发展 / 11
　　战略规划过程 / 11
　　战略思考和环境改变 / 24

第三章　博物馆的人员管理 / 35
　　21世纪博物馆劳动力概述 / 35
　　博物馆的人员配备 / 38
　　博物馆工作的特殊考虑 / 48

第四章　博物馆的领导力 / 58
　　领导力的定义 / 58
　　21世纪领导技能 / 63
　　伦理与决策 / 65
　　博物馆领导者的模式 / 68

第五章　博物馆的项目管理 / 79
　　项目的生命周期 / 81

可行性阶段 / 81
批准项目 / 85

第六章 制定项目规划 / 89

制定项目任务书 / 89
建立团队 / 90
任务分析和时间表 / 92
关键路径分析 / 94
预算与资源分析 / 95
为项目提供资金 / 98
项目实施 / 99
管理问题 / 101

第七章 创建项目团队 / 108

为什么要创建项目团队？/ 108
组织团队的选项 / 111
成立博物馆团队 / 114
团队中的承包商 / 118
项目经理或团队领导者的角色 / 119

第八章 成功的团队动力 / 127

团队形成与学习风格 / 128
团队协作 / 132
解决冲突 / 140
从中间管理 / 141

第九章 评估项目 / 148

评估博物馆项目结果 / 149
评估内部运营 / 153

纳入经验教训 / 155

第十章　项目进行中的运营团队——案例研究 / 159
　　展览和外展服务 / 160
　　博物馆建筑工程项目 / 177
　　小型博物馆的项目管理系统 / 191
　　结论 / 200

附录 A　展览计划模板 / 203
附录 B　展览的事后审查结果 / 206
附录 C　委员会任务书模板 / 208
附录 D　职责表 / 211
附录 E　展览项目任务书 / 213
附录 F　项目提案表 / 215
附录 G　假设性项目规划练习 / 217
附录 H　假设性团队规划练习 / 219

参考文献 / 222

索引 / 225

第一章 引　　言

博物馆领域需要很强的管理和领导能力来保持相关性并应对复杂世界的挑战。我们尤其需要管理体系来支撑项目的有效实施并满足高效团队的需求。当今博物馆中的大部分工作是项目制的。例如，藏品搬迁、场馆翻新、展览和公共项目，或者藏品数字化，这些都需要资源（资金、时间、空间和人力）的整合。现在许多博物馆正在使用项目管理系统，但是这些系统常常因为人力资源管理这一关键组成部分的问题而导致失败。这本书将概述博物馆人员和项目管理中的最佳实践。

当今的博物馆环境

对包括博物馆在内的非营利机构的期望与挑战是巨大的。头条新闻频繁地突出机构经济困境、倒闭、并购、领导者下台，或者项目中的公共争议。被广泛称赞的是，博物馆勇于面对资金短缺、观众相关性和员工激励方面的挑战。非营利机构受到巨大的挑战：他们缺乏底线的纪律，他们与经营责任相抗衡，他们有一组复杂的利益相关者，他们解决问题的能力受困于模糊的期望和可量化数据的经常性缺乏。

为了满足博物馆和其他非营利机构改善管理和领导的需求，许多教育项目被设计出来，用来对这一部分给予支持。例如，哈佛大学、斯坦福大学等顶级学府都为非营利机构提供了广泛的课程和继续教育培训。其他组织如国家艺术策略与非营利机构董事资源协会（National Arts Strategies and BoardSource）提供了大量培养领导能力的培训选择。全国博物馆组织如美国博物馆联盟（American Alliance of Museums，简称 AAM）和美国州与地方历史协会（American Association for State and Local History，简称 AASLH）提供了管理与商业相关技能的培训选择。博物馆学项目正逐渐在其学位项目里增加管理与领导力课程，与此同时，商业学校开设了艺术与非营利机构管理项目。甚至连艺术院校也开始关注社会、创新和创意经济之间的交集。[1]

尽管增加了许多培训选择，博物馆近几年还是经历了许多管理问题，包括财政管理不善、法律与道德上的藏品管理失误、忽视管理以及领导力缺乏。这些问题都可以从以下案例中发现：

- 史密森学会与盖蒂基金会的管理失误，包括超额的薪资福利、利益冲突和责任缺失，这些失误会导致越来越多的公众审查与制裁来缩紧管理体系。[2]
- 藏品由于博物馆声势浩大的交换与出售而处于危险之中，这些博物馆包括科科伦美术馆、纽约国家设计院和特拉华州艺术博物馆。[3]
- 博物馆扩建计划是非常巨大的投资，这减少了可用于员工和其他核心计划的资金。除了 1990 年代中期开始用于博物馆改造、扩建和新建的数十亿美金投资之外，本书还揭露了项目中没有明确需求的过量投资。不幸的是，与这些项目有关的风险可能会导致倒闭、裁员、长期的财政压力与合并。[4]

- 经济萧条是全世界人民生活中的事实。捐赠的减少与慈善事业的衰退就是经济萧条对博物馆周而复始的影响。政府的艺术与文化资金直接与税收收入和政治制度相关，这一点明显体现在 2015 至 2016 年间伊利诺伊州立博物馆的倒闭上。[5] 联邦政府赤字和全球竞争也影响了可以供美国国家基金会（National Endowments）、博物馆与图书馆服务协会（Institute of Museum and Library Service）和国家科学基金会（National Science Foundation）使用的资金。除此之外，美国政府内部的改变也可能危及这些重要的艺术和人文学科资助项目的可行性。当博物馆对这些资金紧张和经济影响做出反应时，它们必须在填补员工职位、升职和减少核心项目资金之间做出艰难的选择。这些对博物馆职工造成了很大影响。

为什么需要项目管理？

博物馆的大多数工作是项目制的。遗憾的是，我们时常会听到对项目制的抱怨，说它占用了太长的时间，太多的资金，并使我们的员工感到痛苦。项目管理体系已经在生产、服务、建设工程与政府部门中成功使用了几十年。从 20 世纪中叶开始，这种手法也应用在了军事、航空和制造业中，紧接着在日渐发展的信息技术和管理咨询领域中得到运用。有纪律、有组织的工作方法在这些领域中成为规范。虽然博物馆已经有几十年的项目管理经验，它们的体系却随着不一致的标准和不理想的结果千变万化。本书将着眼于使项目流程持续进行下去，并付出一切努力优化项目结果和员工角色。

项目管理被定义为在规定的预算和时间内投入资源来实现战略目标的一组活动。围绕这个定义存在着数百种理论、实践、工具和结构。确实，美国项目管理协会（Project Management Institute）于1969年成立，向全球近300万从业者提供专业认证、工作联络、研究和明确的标准。[6]

理想的博物馆项目管理流程由可行性评估的决策矩阵开始，包括与一项既定项目（例如一场展览）有关的风险和奖励。一旦经管理部门（例如博物馆执行理事或管理机构）批准，项目就被特许设立了。例如，展览任务书罗列了主题或话题、员工团队（可能包括外部顾问）、指定的空间和藏品、确定的开展时间和工作预算。项目经理被授权来协调详细的项目规划和项目实施工作，包括工作节点、团队成员成果以及一系列评估标准的审查。本书相当大的部分将探索不同类型博物馆和项目的项目管理元素，并重点探索组织中的项目决策、目标实现中的灵活性需求以及创新在当代博物馆中发挥的不同作用。例如，自管团队、敏捷规划、设计思考和快速成型等话题将包含在书中。这些理论和体系的核心是对机构中个体的关注。我们的员工需要配备技能才能获得成功。

为什么需要管理人员？

好消息是，如博物馆这样以使命为导向的组织机构具有强烈的道德感和同理心，这吸引了忠诚的员工和志愿者。坏消息是，人们可以使项目成功或者失败。博物馆需要尊重其员工并提供机会让员工胜任自己的工作。正如前文提到的，在变革时代尤其会发生如下内部组织挑战：

- 随着资源减少，博物馆需要找到更加有效的工作方法，尽管由于重组而重新设计工作流程或重新分配工作对许多人来说是痛苦的。虽然技术有助于简化工作，但它也可能改变工作人员的角色和地位。
- 我们面对劳动力的人口统计学方面的变化如何打算？比如，员工由许多上了年纪的人员组成，由于缺乏多样性而受到挑战。
- 内部交流的匮乏是怎么造成问题和误解从而阻碍项目进展的？
- 我们怎么让工作超量、压力大的员工满意并让其保持工作积极性？
- 组织变化会导致内部意见分歧和人员流动吗？
- 对个人权力和认可的追求会阻碍一个重要的展览或其他项目的产生吗？

人员管理理论

在历史上，关于职场人员有两种主要的管理思想："科学"方法注重过程、激励和成果，"行为"方法则注重个人的心理和动机。这两个流派对人员管理都很重要。在制造业占主导地位的

20世纪早期，弗雷德里克·泰勒（Frederick Taylor）和亨利·甘特（Henry Gantt）的作品在科学管理的发展中具有影响力。他们相信基于产出、时间标准、程序改进和效率上的工作激励和薪酬的必要性。通过图表进行调度和生产是常用的方法。[7]

或许是对这种想法的回应，职场心理学领域信奉一种更加以人为本的哲学。行为科学关注职场的士气、动机和社会关系。重要研究表明，源自管理的团队活力和积极关注与生产力和自尊有直接的关系。提供责任感和自主性的成长契机也是其积极因素。[8] 20世纪中叶，彼得·德鲁克（Peter Drucker）在他的管理学开创性作品中描述道，这些理论为以服务为导向的当代职场奠定了基础。对于团队协作和扁平化结构的需求在德鲁克的著作中是一个贯穿的主题。作为第一个描写"知识社会"的人，德鲁克看到信息时代如何改变我们的工作，以及管理专家如何需要在团队中一起工作，伴随着更少的干预层次并呼吁"更小的自治单位"。[9] 作为一名顾问和教授，德鲁克已经写了39本书，是非营利机构价值领域的早期引领者。

其他管理和领导理论在过去50年中也取得了进展。这些理论关注的是客户服务（全面质量管理）、最佳实践标杆管理、组织结构创新、系统思考与学习、情商、愿景式领导者和动荡的世界中的管理变革。这些理论是当代有效组织的基础，由于它们关系到成功的项目管理的动力，本书将对其加以探讨。

本书将全面涉及几个成功企业中重要实践的项目背景。对战略规划流程的深入回顾将包含：阐明博物馆宗旨和未来愿景的步骤、实现愿景的主要目标、需要的资源和组织结构，以及评估成功的方法。本书还将关注对外部环境的理解，以及通过相似组织的标杆管理检验最佳实践。一种更灵活的针对当代博物馆世界的模型是需要战略性思考的。本书将举例说明商业和博物馆案例研究中的有效方法。本书还将关注在当下的工作环境中建构组织结构和弹性工作制的重要性。本书将回顾建立多样化人才队伍与迎合新兴博物馆专家的期望所带来的挑战。本书涉及员工发展中的价值和公平程序的重要性。博物馆工会和其他组织中员工的意见问题也将被讨论。本书还将详细回顾当代领导理论的文献（这些理论体现在重要思想领袖的著作中），并将其与几位当代博物馆领袖的实践联系起来。在多位博物馆专业人员的访谈中，对于领导者和项目经理之间分离的担忧是贯穿本书的话题。实际上，如果领导者（包括那些管理项目的人）不支持员工，那么体系就会失败。在和博物馆界的同事讨论这些问题时，他们都呼吁高层管理者对项目管理体系和方法加以支持。同时，一旦体系被明确和确立下来，就需要严格地执行。不然获得积极的成果是很难的。

为了专注于项目管理，本书将涉及项目启动、团队建立、参数界定和假设、预算制定和成功监控的步骤。针对团队建设、对个性差异的理解、沟通管理和矛盾处理的大量讨论将会和项目评估方法和经验教训一起出现。本书旨在提供当今本领域从业者的看法，这些会在各个章节中有所呈现。最后，为了提供对博物馆项目管理不同方法的深入分析，本书收录了一组九个详细的案例研究，以及适用于个人和组织的实践资源。

本书将吸收作者及当今博物馆专业人员在应用项目管理和准则中的经验。许多博物馆为本书贡献了信息，其中包括特定的项目案例研究，还有决策、项目实施和评估体系的文件。

讨论题

1. 您所在的博物馆在项目开发和管理过程中，有什么问题？
2. 思考一下：人员管理问题会如何影响不同员工规模的博物馆的成功。小型博物馆是否需要项目管理？
3. 科学管理理论和行为管理理论与项目成功有什么关系？

注释

1 非营利机构和博物馆管理培训的发展包括了克莱蒙特学院的盖蒂领导力学院和更具实验性的、融合了艺术和商业的跨学科学位，例如巴尔的摩马里兰艺术学院的硕士/工商管理学硕士项目。

2 2007年，劳伦斯·斯莫尔（Lawrence Small）总干事因资金管理不善和利益冲突离开史密森学会。国会命令理事会修改规章制度，使成员和决策实践更尽职尽责。2006年，盖蒂基金主席巴里·穆尼兹（Barry Munitz）因在律师一般性审查中被发现工资过高和其他额外津贴而被赶下台。

3 Carolina A. Miranda, "Museums Behaving Badly: Are Sanctions Too Little, Too Late?" *Los Angeles Times*, June 21, 2014, accessed August 12, 2016, http://www.latimes.com/entertainment/arts/miranda/la-et-cam-museums-behaving-20140619-column.html.

4 2010年，芝加哥大学文化政策中心出版了《一成不变》（*Set in*

Stone)一书,书中包括对新博物馆和表演艺术中心研究的调查数据。研究发现强调了普遍存在的超支和开馆后维修保养这些建筑的困难。比如,许多博物馆在建筑项目后存在经济困难,包括请触摸博物馆(Please Touch Museum)、新闻博物馆(the Newseum)和佛洛斯特科学博物馆(Frost Museum of Science)。

5 Tyler Davis, "Illinois State Museum to Reopen, Charge Admission," *Chicago Tribune*, June 28, 2016, accessed August 28, 2016, http://www.chicagotribune.com/news/local/breaking/ct-illinois-state-museum-reopens-met-2-20160628-story.html.

6 Project Management Institute, accessed August 6, 2016, https://www.pmi.org.

7 与人力资源管理有关的历史理论包括 Frederick W. Taylor, *The Principles of Scientific Management* (New York: Harper and Brothers, 1911); Henry L. Gantt, *Organizing for Work* (New York: Harcourt Brace, 1919); and Peter Drucker, *The Practice of Management* (New York: Harper-Collins, 1956)的开创性工作。

8 20世纪早期,许多理论围绕着工业心理学发展,包括 Abraham Maslow, "A Theory of Human Motivation", *Psychological Review* 50, no. 4(1943): 370-96。它关注的是需求层次和工作者对自我实现的追求。埃尔顿·梅奥(Elton Mayo)对于团队工作和动机的想法成文于1933年,收入 *The Human Problems of an Industrial Civilization*

(New York: Macmillan Company, 1933)。

9　Peter Drucker, "The Coming of the New Organization," *Harvard Business Review*, January-February 1988, 51.

第二章 整体情况——战略规划与组织发展

无论你正在启动的是什么类型的项目，博物馆必须在总体战略规划的背景下启动该项目。实际上，对于任何机构而言，规划都能最有效地预测成功。幸运的是，如今博物馆清楚地意识到了这一点。如果博物馆没有完成强有力的战略规划，那么很少有资助者会考虑给予资助的请求。你所属的博物馆会制定许多其他类型的计划，包括收藏计划、设备管理计划、教育与讲解计划、商业与运营计划，以及支持市场营销、人员配置、交流沟通和资金募集的计划。本章会关注总体战略规划的制定过程，并提供关于博物馆规划方法的成功案例。

战略规划过程

战略规划过程包括众多参与者，密集的数据收集、决策制定和博物馆领导者的坚定承诺。这里的规划通常指的是提升绩效，为重大项目如扩建等夯实基础，应对环境变化，或获得美国博物馆联盟认证。[1] 规划筹备需要一个由理事会和员工交流系统以及关键信息来源认定组成的专业团队。规划团队需要安排定期会议，书面记录他们的决议,并建议在一个共同的服务器上共享团队的工作,使之对所有参与人员可见。通常情况下,团队会推选一位员工来监管规划流程,提供所需信息的访问权限并保存规划工作记录。和外部顾问合作推动进程可能非常有用,因为这样确实让博物馆理事会和员工能够更加关注规划内容。规划过程中的关键参与者包括管理委员会的成员(有信义义务的人)、首席执行官或执行理事、员工和志愿者,以及社区和咨询团体。规划过程还需要外部专家。例如,如果你所在的博物馆规划包括一个主要建筑方案,你肯定需要建筑师、工程师、展览设计师,还有州或当地政府官员以及各类赞助机构的建议。完成战略规划所需的时间可能是几个月甚至一年。了解时间保障是至关重要的,这样才能确保规划有足够的优先级,确保日常运营不会妨碍这些努力。

规划过程要求对你所在机构现有的法规、宗旨和它在社区的历史有所理解。这些是最基本的,会影响作为规划成果的决策。规划阶段始于环境分析,接下去是博物馆的使命与愿景确立,大目标和具体目标的设定,对所需资源的评估,项目的执行,以及对使命是否实现的评价(见图2.1)。这些阶段是循环和连贯的,因此成功的评估和经验教训在环境分析阶段就有反馈。

环境分析也被称为四点分析(SWOT),博物馆借此收集其在优势、劣势、机会与威胁方面的数据。博物馆需要做大量的研究,因此规划的这个阶段预计会花费相当多的时间。图2.2列举了需要收集的信息类型。**内部因素**需要收集关于藏品、展览、教育项目、设施、员工、资金、会员、资金募集和技术方面的信息。例如,评估优势和劣势,就可能包括尽管拥有一流藏品却因

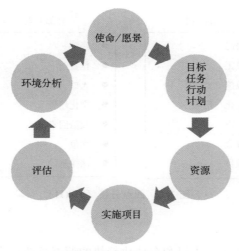

图 2.1　战略规划过程
由作者提供

空间有限或网上渠道匮乏而不对公众开放的事实。

数据收集工作可由员工和理事会成员或外部顾问完成。例如，评估展览的优势应该是策展人、教育者、设计师和藏品经理的责任，然而设备评估可以要求由外部工程师或安全专家来完成。博物馆社区的成员也应该被邀请来参与整个过程，分享他们的期望以及对博物馆相关事务的观察。许多博物馆利用由博物馆与图书馆服务协会、国家艺术与人文基金会以及美国博物馆联盟评估计划（AAM's Museum Assessment Programs）资助的评估项目。这些工作的领导权可以分配给核心员工或小型工作小组。其他咨询涉及对机构文化与价值等问题的研究、对员工士气的真实观察，以及公众对博物馆的认知。

外部因素可能需要付出更多的努力去分类，因为对你的博物馆项目市场的理解需要大量观众的评估研究。关于当前和未来科

```
        内部因素                    外部因素
   ● 藏品                      ● 经济
   ● 员工                      ● 位置
   ● 设施                      ● 人口
   ● 文化与价值                 ● 文化趋势
   ● 名声                      ● 政治因素
   ● 资金                      ● 竞争
   ● 项目                      ● 法律制约
```

图 2.2 四点分析（SWOT）
由作者提供

技、旅游、教育、人口和全球化趋势的调查可能会令人生畏。借助于如《美国博物馆联盟趋势观察》（American Alliance of Museums's TrendsWatch）或《新媒体联盟地平线报告》（Horizons report of the NewMedia Consortium）等主要研究数据是两个有用的例子。[2] 这个规划阶段需要对可能影响雇佣、藏品编目、无障碍观众通道和国税局（IRS）报告要求的法律约束进行评估。同时，博物馆领域的标准和最佳实践至关重要，包括美国博物馆联盟核心文件和不断改进的伦理准则。对项目经理来说尤其重要的是和劳动力变化相关的事，包括人口统计、公平的劳动实践、多样性、工作与生活的平衡以及职业发展。

其他需要检验的外部因素包括地理位置、建筑条例、物理结构和面积，以及街区特色、公共交通和其他便捷性因素。你的竞争力同样重要。想象一下，作为华盛顿特区国家广场的 19 家史密森博物馆之一，会如何拉拢观众？除了博物馆，还有许多争夺公众关注和时间的竞争者（例如，多种运动场馆、影剧院、公园、图书馆或其他教育项目）。当然，所有博物馆还必须考虑到网络和在线服务的巨大吸引力。

最后，你要考虑到公共政策的影响，这些支持艺术、科学、人文学科和私人投资者（包括个人和基金会）利益的公共政策对博物馆可行性具有战略意义。基金会根据经济和社会因素设定了不同的优先级。投资艺术的政府资金在过去三十年间大幅减少，同时非营利机构的税收减免受到了持续的担忧。博物馆作为经济发展和社区生长的驱动力以及劳动力发展中的重要角色得到了越来越多的关注，这是一个重要的外部问题。

标杆管理或检测相似博物馆的最佳实践是 SWOT 分析中的另一个关键工具。伊丽莎白·梅里特（Elizabeth Merritt）在《机构性规划的秘诀》（*Secrets of Institutional Planning*）一书中建议博物馆员工和理事会要熟悉相似机构的规划。[3] 是什么使得那些机构取得成功？在 1990 年代美国国家历史博物馆大量的规划工作期间，员工采访、参观了很多博物馆并关注了一些实践案例，包括释展规划、组织结构、咨询委员会、展馆扩建和资本运作。他们的发现对确认关于观众注意、藏品存放、机构变化和资本运作管理的思考提供了帮助。[4]

SWOT 分析收集的大量数据评估需要时间来消化，与所有员工和关键利益相关者广泛地共享这个信息是明智的。1990 年代中期，美国国家历史博物馆使用的流程包括形成 16 个由自己推选的员工团队组成的任务小组，他们完成了 SWOT 分析过程，并在几个月时间内向全体员工陈述结果和建议。洛德（Lord）和马克特（Markert）提醒道，这个阶段是艰难的，因为劣势和批评可能是难以接受的。保持开放思维对于博物馆现状的真实评价

来说很重要。⁵

消化了 SWOT 分析阶段收集的信息之后，博物馆需要把它的时间和精力投入有助于其实现核心宗旨的战略目标和阶段目标中。理解社区需求、内部改善的范围、项目进展的目标，接受实现变革经验的新方法，这些会为将来提供清晰的方向。

使命陈述需要在战略规划期间接受仔细的审查。在许多情况下，原来的使命可能不再反映博物馆需要在社区中保持相关性的目标。稍早的使命陈述可能更多的是一系列博物馆已经参与的活动清单，而不是一份简明扼要的愿望声明。使命是你的主要目的以及建立优势、影响决策并鼓舞员工、理事会和投资者的方法。据盖尔·安德森（Gail Anderson）关于博物馆使命陈述的开创性工作建议，使命可以随着时间推移，根据环境需要产生变化。博物馆需要选择描述以下三个元素的措辞，创建一个简明而甜美的陈述：

- 你的目的是什么？
- 你的服务对象是谁？
- 如何实现你的服务？⁶

在评论使命对于非营利机构的重要性时，彼得·德鲁克指出，如果使命反映了为需求服务的机会，动用了组织的力量，体现了对员工和理事会的奉献精神，那么这样的使命将会成功。⁷

和许多博物馆一样，亨利·福特汽车博物馆和波特兰（俄勒冈州）艺术博物馆都采用了修正现有使命陈述的步骤，作为战略规划工作的结果（见文本框 2.1）。为了达到想要的效果，这些陈述简短、用词谨慎且清晰。博物馆的资产被直接用来规划对其社区和观众产生明显影响的活动。博物馆会使用引人注目的字眼，诸如**真实**、**多样**、**激励**等，旨在预言对下一代的影响。

2.1 博物馆使命陈述案例

亨利·福特汽车博物馆从勤劳、善于创新、足智多谋的美国传统中找到真实的物件、故事和生活，并以此为基础提供独特的教育体验。我们的目标是启发人们从这些传统中学习，帮助他们塑造更美好的未来。

****

波特兰艺术博物馆致力于通过不同方式服务公众：提供具有恒久魅力的艺术作品，面向不同公众开展艺术教育，并为丰富当今和未来一代而收集和保护各式各样的艺术。

资料来源：亨利·福特汽车博物馆和波特兰艺术博物馆网站

愿景声明与博物馆的使命紧密相连。当今博物馆使用的格式各不相同，但更加成功的愿景声明得以让博物馆详细描述一个成功的未来状态。在大部分案例中，这是一个包括了接下来几年要实现的一组突破性目标的愿景。当今世界，这个时间范围一般是3至5年，如果有重要的建筑项目，时间应该更长，可能会达到10至15年。你的愿景需要做出明显的改变，这意味着对现状的重大改变。博物馆的首席执行官/馆长应当是一个关键角色，他要清晰地表达出机构的愿景，即将机构描述为可以提供一系列学习经验的、动态的、迷人的资源，并对所服务的观众的生活产生重大影响。整个理事会、员工和团体利益相关者应该支持这一愿景。一些博物馆决定使用简短的愿景声明，而另一些博物馆则会探索更多的描述。虽然没有标准，但博物馆最好不要缺少这一阶段的规划，否则会影响关键项目中的员工认可和获得重大资金的能力。

美国国家历史博物馆在 2013—2018 年战略规划中制定的一份积极的未来陈述，可以作为一个愿景声明的案例。基于使命，博物馆制定了一个试图将美国的意义定义为"几个世纪以来引起共鸣的想法和试验——基于自由、可能性和机遇"，以及"在接下来的十年中我们将运用我们独一无二的藏品来讲述一个关于所有美国人的包容、尊重和富有同情心的故事……我们将讲述那些奋斗者的坚韧、胜利和乐观的态度"的愿景。博物馆旨在"与美国人民一起"做这些事，来"使国家的命运变得不同"[8]。在构思愿景声明时，你需要确定员工和理事会理解它的含义并支持其执行。

价值声明通常包含在战略规划过程中。声明中的话语应该指导博物馆的运营。价值通常是内部决策的指导和组织文化的反映。比如，加利福尼亚州的奥克兰博物馆采用了下面的价值声明：[9]

卓越：我们致力于追求卓越，以最真诚和最专业的标准工作。

共同体：我们相信，每个人应该感受到共同体的欢迎并是我们共同体的一部分，不管是在博物馆内还是在我们的观众和邻人中。

创新：为了达成使命，我们拥抱创新，也接受预期的风险。

奉献：我们在博物馆的工作说明了目标意识和为了机构获得成功的共同责任。

博物馆的价值观是独一无二的，应该由博物馆员工来制定，以确保他们的认可。价值强化了使命并作为博物馆与外部世界沟通的路标。我们将进一步在关于人员配置的章节中检视价值的重要性。

总目标和分目标提供了计划的要点。通过多种途径可填补 SWOT 分析中显而易见的空缺，并对明显的需求和机遇做出回应。博物馆总目标或许包括新收藏领域的开发、存储设备升级、馆藏数字化、服务社区青年新项目的开发、对社会公正问题的影响的回应、内部流程的改善、长期员工的培训发展和项目的盈利。这些目标本质上回答了一个问题：我们为了实现愿景需要完成哪些活动？最高效的组织会制定一个宽泛的总目标并设立实际的分目标来实现它们。总目标应该围绕项目、员工、设施、藏品和资源。知识型员工应该集中参与开发一系列权衡过的可行项目。此外，总目标应该在给定的时间内完成。佛罗里达大学塞缪尔·P. 哈恩艺术博物馆（Samuel P. Harn Museum of Art at the University of Florida）在 2013—2018 年战略规划[10]中制定了宽泛的目标，支持以下活动：

- 合作与伙伴关系
- 相关且具吸引力的展览
- 归属感
- 技术创新

总目标是宽泛的、雄心勃勃的，需要更详细的战略或行动规划来制定实现目标的路线图。有关策略的案例可能涉及全新的收藏领域、全新的解释方案、场馆扩建或改造，或针对得不到充分服务的观众的全新教育拓展项目。就这一点而言，可能存在的目标和行动的数量是巨大的。在一到两年内，同时实现50个战略目标规划和人员削减是完全不现实的。遗憾的是，我们想要做所有这些事情，因为我们有许多宏大的想法。这个规划阶段是最痛苦的。在梦想着做出许多值得一做的新项目后，我们需要做出艰难的选择。这会是许多战略规划的低谷。此刻，决策的过程是最重要的。我们如何使效果最大化并有效使用可获得的资源？在当今博物馆，解决这个问题的一种可行方法是和公众合作，测试规划原型。如果这些战略涉及博物馆中新的活动领域，那就更为重要了。

资源，例如员工时间、空间、藏品和资金应该和战略规划发展同步考虑，而不是事后再说。预算是一个不断迭代的过程，因为新信息为了新目标而被纳入规划。[11]最终，预算会为了任何需要的资金活动而发起筹款策略。在这一阶段，博物馆一般需要制定商业或运营计划来解决几个问题。哪部分现存资金可以用来发展或全力支持这些战略目标？资助者准备好加快启动这些项目了吗？未来有可用的收入来源吗？对于联邦、州和地方政府资助，以及企业、基金会或个人捐赠者，他们有哪些选择？

其他的方法包括对任何新倡议的影响和开销进行全面分析。可行性分析的运用是明智的一步，它确保我们有能力实现目标。这个步骤在面临重大工作（比如一栋新建筑、一个新的零售企业和一次与其他组织的合并或长期合作）时是非常细致的。大型而复杂的项目涉及评估资金募集能力、市场调研、详尽的运营预算和技术分析等内容，以确保项目所需的专业性。不管努力程度如何，应该对员工和其他资源、对现行项目的影响和资金目标制定一定程度的可行性。在大部分情况中，观察不同的场景也将提供一些指导。询问关于外部影响和潜在失败的关键问题，将给博物馆提供选择，让其最终确定战略性项目的可行性。如上所述，基于长期的愿景，总目标和分目标可以是数量庞大的。它们还应该是互补的。升级藏品存储设备会为基于藏品的展览和教育项目提供新的机会。增加博物馆人员的多样性会吸引新的观众。

资源有限的非营利机构可以从一个颇受欢迎的名为矩阵图（Matrix Map）的决策系统中获益（见图 2.3）。这个方法使得机构基于它们的影响力和盈利来做出关键决策。[12]非营利机构虽然不是追求利润的机构，但事实上，资金、时间和人才的支出会根据它们对博物馆使命的影响而得到评估。现行项目或新项目在四个象限中的位置会帮助博物馆决定其相关性。或许可以在影响力区域从低到高重新安排资金以确保成功。这个方法需要对所有项目进行财务分析，包括对它们在观众服务或纯收入中的成功的分析以及影响力分析。影响力至少应该定义为：

- 与使命的相关性
- 对观众的回应
- 资金可行性
- 内部优势和外部合作的杠杆作用
- 严守法律和道德伦理

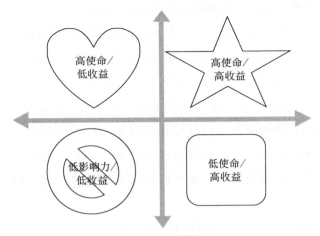

图 2.3　矩阵图

改编自齐默尔曼和贝尔（Zimmerman and Bell）的《可持续心态》(*The Sustainability Mindset*)，2014 年

　　另一个考虑是为规划提供资源常常会导致组织结构的变化。规模精简、开发新的项目领域和重新分配员工领导会改变机构运营的方式。博物馆需要如何运营，以及实现规划目标需要怎样的内部程序和沟通结构？例如，作为 1990 年代战略规划的结果，葛伦堡博物馆（Glenbow Museum）开创了一种全新的组织结构。博物馆实施了裁员并在这一过程中发展出了一种层次更少的新运营模式，即"三叶草"（the Shamrock），由包含各种各样职能员工的相互重叠的圆圈组成。[13] 我们会在第三章中，结合人员培训与发展问题，更加仔细地审视组织结构。

　　战略目标的**实施**靠的是项目管理的运用。这些系统开创了一组可以随着时间的推移被监测的活动，用以衡量项目进展、预算费用和员工工作。实际上，为了落实战略规划愿景，项目在启动前就应该对其重点进行谨慎的评估。我们会在后面的章节中对此进行更加详细的讨论。

规划的**评估**阶段依靠一系列与战略目标有关的措施和成果。成功的衡量标准通常是定量和定性评估的问题。例如，博物馆可能会使用观众服务、资金募集、新藏品获取和正面媒体报道方面的数据。其他数据可能包括更新空间中每平方英尺的造价、员工流动率和盈利模式的改变。更富有挑战性的是对于群体短期和长期影响的分析。评估还需要随着时间推移保持统一的方法，包括规定效力的基线和衡量变化的方法。理事会、行政领导和员工必须有能力评估他们的规划运行是否良好，以及哪里需要改变。这个信息会是下一个 SWOT 分析阶段的一部分，从而完成如图 2.1 所示的循环。

考虑到我们世界不断变化的本质，战略规划必须是灵活的。事实上，除了在项目过程中投资时间和金钱，当关键的理事或领导离开博物馆，或仅是资金没有落实，还会出现意想不到的障碍。考虑到这些事实，我们需要经常检查和更新规划。实际上，每当新的领导上任、启动一项资金募集或从一次资金危机中恢复，都是我们需要回顾和修正规划的时候。戴维·拉·皮亚纳（David La Piana）在《非营利战略革命》（*The Nonprofit Strategy Revolution*）中提道："传统战略规划一旦完成了，就不是灵活有机的，而是静态的——它们很快就会变质。"[14]他呼吁一个可以快速回应变动世界的"实时"方法。传统战略规划经常被不可靠的数据、逾期和不作为及其所导致的员工不满所困扰。拉·皮亚纳建议在规划和应用一个决策体系前，应当选择合适的人参与进来，即战略筛选（Strategy Screen）是有帮助的。[15]就像前文所说的矩阵图系统那样，战略筛选使组织机构在选择自主的关键项目过程中设立决策标准。在不断变化的环境中确保灵活性是必要的。拉·皮亚纳建议决策标准要考虑使命、经济可行性（它能收回成本吗?）、竞争以及制度上获得成功的能力。博物馆使用战略筛选的案例是内布拉斯加州历史学会（NSHS）。馆长兼首席执行官特雷弗·琼斯（Trevor Jones）指出，这使博物馆可以基于它对宗旨、资金来源或其他组织机构的合作的贡献来测试一项想法的可行性。这连同他们的战略规划一起得到使用（见表2.1）。

战略思考和环境改变

什么是战略思考？这是我们回应环境变化、通过向受众传递价值来保持生命力并让组织机构长期维系下去的方法。战略思考者负责理解整体情况，应用创新方法，设计财政可行性和评估进展。

当今博物馆正面临如下现实：

- **志愿者领导**（理事会）
- 广泛的**利益相关者**
- 反映观众/人口统计学上的**多样性**需求
- 激烈的**竞争**
- 新博物馆和博物馆扩建的**建设热潮**
- **技术**的不断革新
- **有限资源**的经常性管理不善
- 对**商业活动**和企业支持越来越多的依赖

- 藏品处于危险中
- **员工积极性高**，但工作压力大
- 公众信任和责任的**法律义务**
- 职业的**标准和道德**

表 2.1　内布拉斯加州历史学会战略图景

讨论中的任务/项目/计划或功能：

标准	回答（＋，－）	建议
这与我们的使命一致吗？		
它建立在我们的竞争优势之上吗？能增强我们的竞争优势吗？ 1. 我们全州范围内的授权 2. 我们的藏品		
它有专用的资金来源和/或它将收支相抵或能在一年内产生额外收入吗？		
它对建立或加强与其他组织的合作关系有帮助吗？		
它对发展目标观众有帮助吗？（计划观众） • 地方历史协会/博物馆 • 学生（初中） • 教师 • 研究者 • 州和地方推选出来的在职官员（支持） • 内布拉斯加州历史学会会员/捐赠者		
它依靠或支持内布拉斯加州历史学会其他团队的工作吗？		

我们应该这样做吗？_____
资料来源：内布拉斯加州历史学会

虽然战略规划系统在这个不稳定和复杂的世界中仍然至关重要，但我们需要把相关性和责任放在规划的首位。在 1995—2000 年进行的一项研究中，有众多博物馆（29 家受访单位）参与其中，下列实践被认为是对变化世界的回应：[16]

- 越来越多地使用战略规划
- 新的组织架构，包括跨职能团队
- 更频繁地依赖于自下而上的沟通
- 强调改进过的组织学习
- 越来越关注顾客服务
- 开发绩效指标系统
- 战略规划和筹款增长与市场营销之间的关联

　　这些发现反映了日益增多的规划实践以及它与内部的、组织上的改变的关系；与美国博物馆协会（AAM）1992年出版的强调多样性和社群参与的出版物《卓越与公平》（*Excellence and Equity*）中的呼吁相一致，这些发现也反映了对公众合作日益增多的关注。自此以后，学界将社群相关性放在规划的核心位置。例如，加拿大自然博物馆开发了"国家服务"的全新模型，发展了一系列国民研究和收藏的合作关系。[17]

　　博物馆的思想领袖已经关注到战略思考及其对观众的深刻理解。约翰·福克（John Falk）和贝弗利·谢巴德（Beverly Sheppard）曾写过将观众（audience）当作博物馆顾客（customer）以及体验定制（服务）的必要性。博物馆可以运用市场理论来理解社会与代际人口统计、等级差别和学习风格的差异。[18]另一个问题是环境的波动性。博物馆如何回应社会的不断变化？约翰·杜尔（John Durel）写过一个可持续发展模式，其中包括以下核心元素：[19]

　　声誉：通过评估影响来提高你的声誉
　　情感：基于对顾客服务深深的承诺来建立社区和投资者的支持

精华：建立一个强大的组织，与致力于创业活动和职业发展的员工和理事会共同成长

金钱：创建一个多样化和平衡的资金基础

当我们思考战略思维的做法时，当今博物馆正提炼它们的使命陈述来增强它们对社区的影响力，给予关爱并保护它们的声誉。杜尔写道，增值服务源于对外部增强现实的响应，而外部增强现实是由强大的内部能力所推动的。提供这种服务类型的博物馆重新定义了它们的核心任务。例如，匹兹堡儿童博物馆"提供可以激发欢乐、创意和好奇的新奇博物馆体验"，而明尼苏达历史中心正"运用历史的力量改变生活"。加州圣克鲁兹历史艺术博物馆的使命旨在"激活共通的经验，碰撞出意想不到的火花"[20]。

社会责任是许多博物馆工作的核心战略。这一理论已在伊莱恩·古莱恩（Elaine Gurian）和罗伯特·简斯（Robert Janes）等受人尊敬的博物馆思想领袖的著作中得到阐明。古莱恩的著作呼吁一种新的文明，主张多样性和包容性，并指出博物馆是安全的空间。[21]简斯一直支持基于社会正义和环境管理，基于价值观、拥有合作型人员结构的组织，注重创造力和冒险精神以及拒绝社团主义的宗旨。[22]我们的思想领袖作为现代博物馆的良知，在战略规划制定时推动着新策略、新方法。

好几家博物馆已经制定了有独特责任性和相关性的战略规划。例如，芝加哥历史博物馆在加里·汤普森（Gary Thompson）的领导下开创了一种由员工和社区成员主导的新规划方法。在此过程中价值被界定为同理心、真实性、发现和创造。这些博物馆的指导原则包括历史的力量，对作为其主要资产的芝加哥城市的关

注，以及藏品的重要性。博物馆也重视公共服务、对观众需求的理解和满足，以及寻求外部合作。由于博物馆致力于以员工为主导，教育主任担任了他们的规划委员会主席。同时，员工的意见不仅会被征集，还会公布在愿景记录中。[23]

由布赖恩·肯尼迪（Brian Kennedy）和托莱多艺术博物馆（Toledo Museum of Art）员工主导的规划流程始于2010年，由于几个原因成为了具有典范作用的**愿景**。第一，它认可了藏品对于塑造创造性过程的力量。第二，它努力吸引新的观众，对社区产生影响，成为一个负责运营的组织机构，并认真负责地使用资源。博物馆在2010—2016年完成了两项战略规划。第一项是为了收集利益相关者在确定总目标和阶段性目标与为了执行规划重组博物馆中提供的广泛意见和支持。[24]第二项规划的努力产生了文本框2.2中概述的新愿景。

2.2　托莱多艺术博物馆的愿景

观众人数增长：我们真实观众和虚拟观众的数量将会增加。

多样性：我们的现场观众将反映我们地区在经济、社会、文化和种族上的多样性。

社区相关性：我们是一个社区的内部成员，将对社区关注的重要问题做出回应，尤其当它们与艺术有关时。

艺术品收藏：我们将始终保证高质量的藏品。

专业领导：其他机构会把我们视为一个有效运作、诚信、对使命负责并成功应用创新方案来解决实际问题的典范。

卓越运营：资源将满足机构需求，实现机构的目标，并被用于实现博物馆的使命和愿景。

资料来源：托莱多艺术博物馆

同样，米迦·帕尔赞（Micah Parzan）领导下的圣地亚哥人类博物馆（San Diego Museum of Man）在2011年完成了一项综合性的三年规划。这项规划的支柱包括：增加公众参与度、增强藏品管理、保持财政稳定以及建立领导能力。这项规划的独特之处在于它令人耳目一新的开放性，它对博物馆历史背景的真实解释，它对价值的前瞻性关注，以及它在与公众共享决策标准方面的透明度。它们的"战略工具包"包括对观众体验、项目与博物馆价值的评估矩阵。[25] 2015年，该博物馆公布了它对实体变化的总体规划，包括具体的可衡量成果和负责任的员工。博物馆支持一种开放和实验的氛围，称"每个人都是有想法的"。这项规划中的一个独特而大胆的目标是"世界和平从家开始"，专业的开发和团队的动力是基本程序。博物馆和展览中的社会空间与有关当今社会公正问题的项目也得到了同样的关注。[26] 这项规划显然在对社区需求和其社会背景做出回应。它的声誉将建立在这种意识上。

2014年，在达娜·弗里斯-汉森（Dana Friis-Hansen）馆长的领导下，大急流艺术博物馆（the Grand Rapids Art Museum）也设计了一项独特的战略规划。注重以人为中心的设计思想贯穿了整个规划。博物馆于2007年添置了新设施，成为美国第一座由绿色能源与环境设计先锋奖（LEED）认证的艺术博物馆。创新方面的领导是其核心价值。战略规划包括了一张利益相关者地图，作为合作者、观众和支持者与博物馆一起工作的众多团体图表。总目标包括在员工中培养公民和文化领导能力，以及理解以人为中心的设计原则以推进进展。对于员工和理事会来说，成为社区中有思考能力的领导者同样重要。[27]

位于美国康涅狄格州沃特伯里的马特克艺术与历史博物馆

(the Mattuck Museum of Art and History) 围绕转型变革和社区振兴的目标制定了三年战略规划。这个规划全面关注了项目、藏品、财务、员工和理事会。每个主要目标领域有一套绩效衡量标准来确保职责制度。执行馆长罗伯特·伯恩斯（Robert Burns）在理事会和员工团队的配合下领导了这项工作。规划进行了两年后，博物馆已经在捐赠和清晰计划方面得到显著发展，通过建筑更新来改善按计划进行的空间。随着目标领域的实现，博物馆已经花了一些时间来诚实地反映出影响力较弱的项目和得到校正的优先顺序。[28]

总而言之，博物馆显然必须花时间基于声音数据，来制定一个灵活可行的战略规划（这些声音数据来自许多内部和外部利益相关者），并利用实际操作系统来支持他们的梦想。

讨论问题

1. 您所在的博物馆有没有组织过 SWOT 分析？这个练习中反映出最重要的三个问题是什么？

2. 您所在博物馆的有效评估系统中有哪些必要的度量标准？注意要同时考虑定量和定性方法。

3. 考虑一下您所在博物馆的生命周期，以及您需要做哪些准备从而达到或维持约翰·杜尔所定义的博物馆全盛时期？

注释

1 Gail Lord and Kate Markert, *The Manual of Strategic Planning for Museums* (Lanham, MD: AltaMira Press,

2007），1.

2　Trends Watch produced by the AAM Center for the Future of Museums, accessed August 27, 2016, http://www.aam-us.org/resources/center-for-the-future-of-museums/projects-and-reports/trendswatch, and "Horizons Report," produced by the New Media Consortium, accessed August 27, 2016, http://www.nmc.org/publication/nmc-horizon-report-2016-museum-edition.

3　Elizabeth Merritt and Victoria Garvin, eds., *Secrets of Institutional Planning* (Washington, DC: AAM, 2007), 103

4　Martha Morris et al., "Benchmarking Studies, 1995–2000," Unpublished Internal Reports of the National Museum of American History, Smithsonian Institution.

5　Lord and Markert, *The Manual of Strategic Planning for Museums*, 47.

6　Gail Anderson and Roxana Adams, eds., *Museum Mission Statements: Building a Distinct Identity* (Washington, DC: AAM, 1998), 25.

7　Peter Drucker, *Managing the Nonprofit Organization* (New York: HarperCollins, 1990), 3–8.

8　John Gray, "Looking Ahead," in *National Museum of American History Strategic Plan 2013 – 2018*, accessed August 23, 2016, http://www.nmah.si.edu.

9　"Values Statements," Oakland Museum, accessed on

August 14, 2016, http://museumca.org/careers/omca-culture.
10 Samuel P. Harn Museum of Art, 2013-2018 Strategic Plan, accessed August 20, 2016, http://www.harn.ufl.org.
11 Merritt and Garvin, *Secrets of Institutional Planning*, 51-58.
12 Steve Zimmerman and Jeanne Bell, "The Matrix Map: A Powerful Tool for Mission-Focused Nonprofits," *Nonprofit Quarterly* (April 2014), accessed August 20, 2016, https://nonprofitquarterly.org/2014/04/01/the-matrix-map-a-powerful-tool-for-mission-focused-nonprofits/.
13 Robert Janes, *Museums and the Paradox of Change* (Calgary: University of Calgary Press, 1997), 43-65.
14 David La Piana, Preface to *The Nonprofit Strategy Revolution* (New York: Fieldstone Alliance, 2008), xiv.
15 La Piana, *The Nonprofit Strategy Revolution*, 15; and author conversation with Trevor Jones on November 16, 2016.
16 Morris et al., "Benchmarking Studies, 1995-2000."
17 Joanne DiCosimo, "One National Museum's Work to Develop a New Model of National Service: A Work in Progress," in *Looking Reality in the Eye: Museums and Social Responsibility*, eds. Robert Janes and Gerald Conaty (Calgary: University of Calgary Press, 2005), 59-70.
18 John Falk and Beverly Sheppard, *Thriving in the Knowledge*

Age(Lanham,MD: AltaMira Press, 2006), 52-5.

19　John Durel, *Building a Sustainable Nonprofit Organization* (Washington, DC: AAM Press, 2010), 9-25.

20　Websites of Children's Museum of Pittsburgh (pittsburghkids. org), Minnesota History Center (mnhs.org), and Santa Cruz Museum of History and Art (santacruzmah.org), accessed August 20, 2016.

21　Elaine Gurian, "Intentional Civility," in *Curator* 57, no. 4 (October 2014):473-84.

22　Robert Janes, "The Mindful Museum," in *Curator* 53, no.3(July 2010):325-38.

23　"Claiming Chicago: Shaping Our Future," Chicago History Museum, 2006, accessed August 21, 2016, http://www.chicagohistory.org/documents/home/aboutus/CHM-ClaimingChicagoClaimingOurFuture.pdf.

24　Amy Gilman, "Institutionalizing Innovation at the Toledo Museum of Art," in *Fundraising and Strategic Planning*, ed. Juilee Decker (Lanham, MD: Rowman & Littlefield, 2015), 103-10.

25　"San Diego Museum of Man 2012-2015 Strategic Plan: A Blueprint for Success," accessed August 27, 2016, http://www.museumofman.org.

26　"Master Plan Narrative 2015 San Diego Museum of Man," accessed August 27, 2016, http://www.museumofman.org.

27 "Grand Rapids Art Museum Strategic Plan and Statement of Purpose, 2014," accessed August 27, 2016, http://www.artmuseumgr.org.

28 "Strategic Plan 2014," accessed August 27, 2016, https://www.mattatuckmuseum.org/mattatuckmuseum/MattatuckMuseumStrategicPlan_2014-2017%20small_0.pdf; and author telephone conversation with Robert Burns, August 29, 2016.

第三章　博物馆的人员管理

成功的项目依靠的是有才能、有奉献精神和有积极性的员工。本章概述了与博物馆人员合作的最佳实践，包括招聘、组织工作和确保最佳表现的过程。本章还介绍了21世纪的职场技能、绩效管理、员工权利保护和职业道德。

21世纪博物馆劳动力概述

当代博物馆和非营利机构的工作充满了艰难的挑战，包括低薪酬和缺乏多样性，然而我们继续吸引着有奉献精神的人，他们作为员工、志愿者和实习生，致力于做出重大的贡献。截至2011年，全美有近40万人在超过35 000家博物馆工作。其中大部分人员是拥有本科学位的白人。只有很小一部分人是少数族裔。[1]让我们的劳动力变得多样化的必要性是显而易见的，但事实并非如此容易解决。此外，婴儿潮一代的退休导致了人才流失，需要年轻员工为承担起新的责任做好准备。因此，培训是一个大问题。科技正迅速迫使组织机构争先恐后地跟上新的应用程序，而这一点影响了招聘和员工培训。对家庭友好的政策，如可以满足照顾孩子或老人的需求的政策，对更加灵活的工作时间提出了要求。通勤问题和环境可持续发展的工作偏向于远程办公，但这影响了工作流程、会议、办公信息和沟通。员工或许不再需要待在办公室，但面对面互动的缺乏会阻碍生产力和士气的发展以及团队的成功。千禧一代不太可能对某一个雇主忠诚，更倾向于去做更加赚钱或满意的工作，比起上一代，他们会在工作和生活之间寻求更好的平衡。为了追求这种灵活性和自主性，劳动者会觉得兼职或项目制工作更加舒适自在。崭露头角的专业人士常常倡议基本生活工资和带薪实习，同时他们担心人工智能和机器人带来的与日俱增的威胁。[2]

工作场所中的代际差异会同时对员工和领导者造成挑战，因为他们的期待不总是一致的。正如兰卡斯特（Lancaster）和斯蒂尔曼（Stillman）的研究所述，工作场所中的四代人会显示出他们的态度和期待千差万别。最年长的沉默一代（出生于1940年之前）更适应等级制度和自上而下的决策方式，而 X 一代（出生于1960—1980年）和 Y 千禧一代（出生于1980—2000年）的人更适应合作、协商和多种沟通方式。代际差异还适用于职业目标。婴儿潮一代（出生于1940—1959年）会有意识地开创一条清晰的路线和单一职业目标，年轻的一代更加注重于形成一套随处可用的技能并希望担任不同的职位。因此，后者更不会倾向于一直在同一家博物馆工作。[3]

除了隔代的差异，博物馆工作的属性也已经改变了。约翰·杜尔在 2002 年夏天的《历史新闻》（*History News*）中讨论了独立制博物馆短期项目工作中专业技能人才越来越高的核心地位。在博物馆乐意外包越来越多的功能的同时，上述这类雇员的数量也会出现增长。[4]此外，我们看到博物馆领导层在聘用员工时寻求着尽可能多的灵活性。非全职工作、工作共享、使用志愿者和实习生以及服务外包是开发更灵活的劳动力和减少过高的固定员工开支的常见方式。这可能会创造更多利润，但会严重破坏员工和管理者以及每个员工之间的社会契约。

针对一系列新的劳动力问题，英国博物馆协会开展了多元化倡议和协助博物馆新晋专业人员的最佳方法的研究。他们在1998—2011年开展了一项积极的行动方案。这项努力使少数族裔和残障人士都参与了工作场所的培训。后续研究的调查结果显示，大多数受训人员确实在博物馆中获得了职位，然而有相当大比例的人员已经或计划完全离开这个领域。[5] 人员流动的原因或许归咎于经济问题。莫里斯·戴维斯（Maurice Davies）在写到进入博物馆工作的问题时指出，雇主能够以低价工资雇佣到高品质人才，这在商业世界中是一种胜利，但对于非营利机构和博物馆来说是一个困境。进入劳动力市场的就业者在寻找工作的过程中非常沮丧。戴维斯发现，很多博物馆都没有看到博物馆学学位的价值，这使得工作岗位太少而申请人数太多。最后，博物馆确实在培训新员工或现有员工方面做得很差。解决这一困境需要在实习生级别的项目中进行更多有意识的努力，以及与大学博物馆研究项目进行更密切的合作。[6]

同样，美国博物馆也越来越重视多样性和劳动力储备。安德鲁·W. 梅隆基金会（Andrew W. Mellon Foundation）发布了2015年关于艺术博物馆多样性的报告，其中的研究结果详细说明了非专业人士在专业岗位上的优势。[7] 美术馆馆长协会（the Association of Art Museum Directors，简称AAMD）进行的另一项研究显示，尽管该行业的女性人数越来越多，她们的薪酬与相似领导职位的男性并不相同。[8] 2013 年，美术馆馆长协会在国家艺术基金会和许多基金的支持下开始和黑人大学联合基金会（United Negro College Fund）建立合作伙伴关系，为历史上的黑人学院本科生设立艺术博物馆奖学金。[9] 幸运的是，为了响应这些调查结果，美国博物馆联盟将劳动力多元化列为其战略规划（2016—2020）的支柱。[10] 尽管如此，我们仍然需要做很多工作来解决这个问题，包括为年轻人提供更多的实习机会，开设博物馆培训方面的高等教育课程，并在他们整个职业生涯中进行指导。为博物馆工作人员，尤其是初级职位员工提高工资基准方面也存在挑战。

博物馆的人员配备

组织工作

博物馆使命、总目标和分目标的实施框架是提供劳动力分工和工作协调的组织结构。

传统的组织结构图以图形的方式描述了不仅能反映专门化还能反映权力和决策力的报告关系。在图 3.1 中，层级组织由领导者（理事会和馆长）组成，他们是制定战略、批准政策和活动以及授权的人。部门负责人或中层管理人员与博物馆里的同行协调、保持专业标准并监督下属员工的工作。博物馆有组织地反映项目领域，如展览、藏品管理、教育、公共项目和策展研究，以及财务、人力资源、筹款、市场营销、设施和技术。根据博物馆的规模，这些功能可能由独立的部门承担，也可能是一部分人的共同责任。在较大的组织中，职员顾问会进行研究，或向资深员工和理事会提供技术建议，但他们没有正式的权力。部门员工和志愿者位于他们报告的各个项目领域之下。

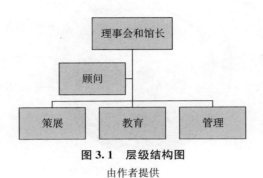

图 3.1 层级结构图
由作者提供

一般而言，组织机构将根据几个若干原则运行，包括统筹管理，其中每个人向同一个上司报告，由生产或功能来划分部门，同时通过共享资源与标准化政策和程序进行工作协调。尽管分层模型得到了广泛运用，仍然有其他选择。例如，图 3.2 中由重叠圆圈组成的三叶草模型反映了许多博物馆日常工作中跨学科合作的现实。另一个临时模型强调外部利益相关者的角色，如图 3.3 所示。

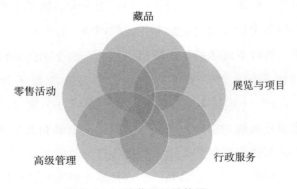

图 3.2 三叶草组织结构图
由作者提供

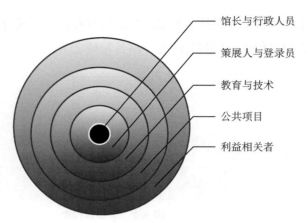

图 3.3　临时组织结构图
由作者提供

通常，临时方法旨在强调博物馆的使命和价值，而不仅仅是描绘一种正式的汇报关系。总体而言，随着博物馆需要增加、削减或组合功能，组织结构图会在一段时间后发生变化。作为战略规划的结果，可能会增加一个新部门（例如市场营销、社交媒体、技术）或组合类似功能，例如藏品管理和策展的需求。实际上，组织结构图只是一个指导原则，因为大多数工作人员将在组织机构的各个层面通过更加非正式的网络工作。

项目管理系统依赖于矩阵组织概念。由于团队是由博物馆主要部门组成的，普通员工将为项目经理和职能主管工作。图3.4显示了一个项目矩阵的示例，其中职能办公室分配骨干员工来组建项目团队。例如，在展览中设立一个策展人、登录员和教育者团队来协作策划与实施项目比各自为政的方式更加有效。团队法是有利的，因为它增强了信息共享和解决问题的能力。团队很重要，因为它综合了各种技能，包括让不同部门的人一起工作来完成分散的项目,例如藏品搬迁或特殊活动。根据项目的总体时间表,员工同时被分配到几个组的情况并不很常见。对于团队成员来说,特殊问题是他们有两个领导——职能经理和项目经理。这可能会产生冲突,需要大量的沟通和谈判。

功能/项目	策展人	教育者	登录员
特别展览	×	×	×
藏品搬迁	×		×
公众项目	×	×	

图 3.4 项目矩阵
由作者提供

矩阵和团队法的价值在于促进项目更快地发展,组织单位之间更好地理解,以及对变化更加快速反应的能力。创造力也将得到提升。与团队法类似的是短期分组,例如工作组、常设委员会和咨询小组。每一个小组都将为他们的工作制定一套指导方针,并受博物馆政策的制约。

填充组织结构图

当代组织机构的工作需要一套独特的能力。正如博物馆与图书馆服务协会所总结的那样,这些能力是广泛多样的。[11]在我们的世界中取得成功的能力清单虽然令人生畏,但在建设强大和可持续的博物馆方面十分重要。这些能力是博物馆必须依靠的,在新员工招募中很重要。这些技能包括:

- 批判性思维和解决问题

- 创造力和创新
- 沟通和协作
- 视觉科学和数学素养
- 跨学科思维
- 灵活性和适应性
- 领导力和责任感

38　　无论是志愿者还是支付报酬的员工，博物馆都会为他们分配具体工作，以完成组织机构的基本职能及其战略目标。书面职务描述和年度绩效计划规定了明确的角色和责任。博物馆需要什么样的员工将取决于其基础功能、特殊项目、预算和运营政策等因素。博物馆还应制定书面政策，列出不同类型工作的专门化、薪酬水平、资格和职责，以及个人成长和晋升的机会。其他政策将列出员工和主管的权利和责任、伦理道德规范和工作场所行为准则。

岗位职责是博物馆与员工之间的合约，通常包括：

- 部门任务/职务职位
- 基本职责
- 知识储备要求
- 督导他人
- 工作地点和身体要求

组织中的职位招聘是一项非常重要的职能，需要确保雇佣到技术熟练的劳动者。选择合适的人选是一个需要深思熟虑的过程。招聘涉及描述和宣传这份工作、工资设定、面试和雇佣最佳候选人。招聘广告通常会非常详细地描述工作，许多时候带着非常高的期望。重要的是，其中的职责和资格要尽可能的实事求是。博物馆工作人员不能是"飘飘然"的，他们的工作职责也不应该是无法实现的。虽然招聘过程是简单的，但经常会出现问题。

招聘的第一步是确定最合适博物馆的工作关系类型。博物馆的战略目标、现有员工和预算将决定工作是长期的还是临时性的，合同制的还是志愿者制的。如果博物馆希望签订项目劳动合同，则需要考虑满足税务局（IRS）的要求。法律要求承包商使用他们自己的设备，提供特定的工作产品，且独立工作。如今，许多博物馆都把曾经的核心业务外包，如把展览设计、藏品保存、策展研究和编目，以及诸如安保和零售等行政职能外包出去。签订服务合同需要一个正式的流程（RFP）、一名协调员或项目经理，并且明确划分工作产品、时间表和付款计划。立约人不会获得任何好处，必须个人负担纳税和保险。如果没有制定明确的期望，在工作场所中增加立约人会带来压力。

招募全职或兼职员工是部门管理者和博物馆人力资源的责任，同时最重要的是，他们必须通过公平合法的选拔过程鼓励大量申请人前来应聘。不能存在任何歧视。招聘受到民权法、残疾人法案和年龄保护法的约束。如果符合要求，所有内部员工应该有申请机会。招聘广告应该广泛张贴在各种各样的地方，包括在博物馆网站上。

设定工资是招聘的关键部分。对标其他博物馆，进行基准测试，审查美国博物馆联盟或美术馆馆长协会调查中的薪资数据，以及与该地区其他非营利机构或博物馆共享信息，都是非常重要的资源。工资仅是基准费用，博物馆必须考虑向全职员工提供一些福利，包括健康保险、人寿保险、退休金、带薪休假、弹性工作时间以及其他如培训和发展的机会。

招聘过程中可以使用详细说明了申请人具体经验、教育背景和其他资质的标准化申请表。有些职位可能有多位申请人，博物馆必须制定政策来管理选拔过程。例如，博物馆可能需要决定从一大群人中仅选择面试前5或前10位候选人。同时，所有应聘候选人的面试过程应该是相同的，除非由于距离太远，电话面试才成为首选。对于所有的面试，同一组标准问题、同一群面试官和同等面试时长是普遍做法。通常的做法是，面试小组面见候选人，要求他们提供能证明与该工作文化相匹配的材料。这些小组通常由多种管理人员或其他员工组成，有时候也会包括博物馆志愿者、理事会成员或其他主要利益相关者。前两名或前三名候选人可能需要多次面试，以确保尽可能多的利益相关者对选择进行权衡。首席执行官或馆长等高级职位可能需要外部猎头公司来管理流程。推荐信对于确保所选择的候选人的匹配度是至关重要的。选择过程还可能采用别的步骤，包括性格测评或要求申请者解决工作场所中的假设性问题。一旦选定了最佳人选并将决定记录在案，接下来的步骤就是让新员工上岗。鉴于他们的表现可能存在潜在问题，试用期（通常为3—6个月）可以让博物馆和新员工都有调整的时间。如果试用没有通过，那么这个人选就得离开了。这需要在博物馆的人事政策中详细说明。

新员工培训

开始一份工作需要一个正式的方法来了解博物馆，包括它的计划、场馆设施、财务和政策。工作人员不仅要接受特定工作的培训，还要有见到所有员工和理事会成员的机会。非正式聚会是让新员工感到舒适的好方法。除了岗位职责和个人绩效计划，新员工还应该有权了解博物馆的战略规划、预算和年报、政策文件，以及组织结构图。

留住员工很重要，因为替换和培训新员工的成本很高。博物馆预算中超过 50% 可用于人员成本。投资员工的长期发展是一种明智的做法。除了对特定工作技能和方法的培训外，员工还需要增长他们的知识。这可以通过参加新管理系统的特殊课程或专业会议来实现。通过工作坊、工作分享和个人成长项目来鼓励技能的内部发展很重要，而且往往更加经济。无论经验多么丰富，导师都会对个人成长产生巨大的影响。

志愿者

大部分博物馆非常依赖志愿者服务来维持运转。拥有专业知识并认同博物馆使命的个人可以做出突出贡献。志愿者往往受到利他主义影响，有结识新朋友和获得技能的渴望，以及成为他们所喜欢的组织的一部分而感到自豪的动机。如今，志愿者可以在常规讲解之外做任何工作。从前台接待到幕后的收藏品工作，志愿者需要拥有挑战性的工作，并感受到机构的重视。许多博物馆未能在员工和志愿者之间形成协作精神，这可能会影响他们与社区成员的关系。例如，在实施包含新工作方法的项目（互动导览、新数据库系统）时，志愿者可能是最后被通知与准备好变化的人。博物馆需要一份志愿者政策手册，涵盖行为标准、道德规范和工作期望。虽然他们有很多技能，但如果有任何法律责任，志愿者应该承担有限的责任。例如，志愿者不应该在任何法律谈判中代表博物馆行事，如藏品的捐赠或租借等。作为志愿服务的回报，把这部分人纳入特殊活动、制定战略规划和其他重要计划至关重要。和对待正式员工一样，尊重和认可志愿者的服务，可以激励他们感受到价值感。实习生也应该得到类似的协调和指导、工作描述和工作评估。在可能的情况下，实习生应获得津贴，以表彰他们对博物馆工作的贡献。

绩效管理和员工发展

所有员工都需要进行年度绩效评估。通常，他们应该关注博物馆的年度运营计划和战略计划相关的特殊项目。主管将与员工一起制定绩效期间的一系列目标，并列举衡量成功的方法。成功标准可能包括已完成的项目数量、编目的艺术品数量、在截止日期前完成工作或服务的观众数量。评估还应该解决组织的价值观，例如个人在团队环境中的表现，或者他们将面临应对意外问题的创新解决方法中的挑战。鼓励员工超越基本标准的方法始终是一个问题。员工应该有动力超过标准以获得认可或经济回报。博物馆要定期（每月或每季度）根据目标评估进度，因为情况可能会中途变化，所以应根据需要进行调整。如果有问题，那么可能需要更多的时间、指导或培训。主管和员工之间保持沟通将确保没有意外发生。

最重要的是，对绩效的认可和奖励对于持续留住员工和提高员工满意度是非常重要的。以下是提供认可和奖励的可能方法：

- 现金福利
- 休息时间

- 涨工资
- 表彰
- 公开感谢
- 服务徽章

例如，美国国家历史博物馆在20世纪90年代建立了一种独特的工作人员认证形式。同行奖励计划由员工提名，个人、部门或同事团队从事额外工作。由工作人员组成的委员会选出获奖者，纳入全员和志愿者认定的年度荣誉。表彰员工贡献的其他方式还可以是年度员工野餐会、全员聚会、经常性的员工会议、与理事会的互动，以及参加开幕酒会或其他会员活动。

除了年度绩效考核，员工还应该有专业发展的机会。例如，参加会议，参加网络研讨会或工作坊，参加专门的继续教育，或为那些寻求更高学位的员工提供经济支持。其他工作机会包括内部指导、工作轮岗以及参与新项目。20世纪90年代进行的调查显示，许多博物馆在这个重要工作上投资的最少（占总预算的5%）。[12] 如果没有这笔投资，博物馆就会面临真正的风险。特别是随着婴儿潮一代的退休与千禧一代在其职业生涯中有多个工作期望，为现有员工提供培训和成长机会至关重要。培养员工进入高级职位是其中一个需求。在各个层面上提供领导技能可以确保组织适应不可避免的变化。

尽管有谨慎的招聘、入职培训和专业培训，个别员工还是可能会出现问题，无论他们是正式员工还是志愿者。博物馆必须从人力资源管理的政策上解决这些问题。重要的是，应该制定一个公平和明确的处理员工问题的流程。博物馆官方人事政策应该包括从非正式讨论直到停职或解雇的渐进式纪律制度。工作场所中的问题通常与行为或绩效有关。行为问题被定义为破坏博物馆工作或以任何方式威胁其他工作人员或公众的行为举止。例如，员工与同事发生激烈对抗。如果工作人员有犯罪行为（例如盗窃或殴打他人），他们很可能会被当场解雇。与绩效相关的问题通常是犯错或无法完成工作任务。对前述两种问题的补救措施包括询问和记过，如果问题在合理时间内得不到解决，员工可能会被解雇。博物馆应该向员工清晰地说明渐进式纪律制度中的每一步，而员工也应该有机会回应，并由律师或工会委员作代表。在与绩效相关的问题中，个人可以与他们的主管一起制定绩效改进计划以纠正问题。尤其是员工存在健康问题的时候，同样应该提供员工咨询服务。在与财务决策相关的裁员或休假（而不是行为或绩效问题）的情况下，谨慎制度的离职步骤应该包括再就业协助、数周或数月的薪酬，以及可能延续的健康福利，以缓解个人职业上的变化。

博物馆工作的特殊考虑

正如彼得·德鲁克所指出的那样，"非营利机构的巨大优势之一是人们不为了生计工作，他们有自己的事业"[13]。非营利机构的员工工资很低，而且经常需要工作很长时间，因此他们与管理者形成了不成文的约定。我认为因此机构管理层的员工有更高程度的呼声。这增加了管理人员关系的复杂性。非营利机构工作者也具有更高的道德感和工作价值观，并且在很大程度上为自己的工作和组织感到自豪。以下是包括博物馆在内的非营利机构的

典型问题:[14]

- 没有足够的人手来完成工作,没有接受过适当的培训
- 难以约束低绩效的人
- 需要减少官僚主义,改善沟通
- 压力过大
- 即使是对大学毕业生来说也很少有工作岗位
- 低薪,加剧了学生负债的现实

在薪酬方面,最近英国为博物馆行业提供全国生活工资的努力并不成功。这是因为博物馆经历了资金削减。因此博物馆不会提高工资,而是在现有的工作上增加新的职责,或转向志愿者和无偿实习。[15]

同样,史密森学会在过去十年中进行的一系列员工调查显示:

- 有限的晋升机会
- 对更好的内部沟通和协调的需求
- 对工作的积极态度
- 关注对新想法和创造性努力的开放性

这些研究为史密森管理层简要说明了员工观点和潜在改进领域。例如,2008年有争议的劳伦斯·斯莫尔(Lawrence Small)辞职不久,高级管理层的满意度仅略高于往年。2010年,由于决策的透明度和新的机构战略规划已经完成,满意度调查显示出更

加积极的回应。调查结果继续强调缺乏晋升潜力以及对交叉领域合作、工作与生活平衡和多样性的新忧虑。到了 2015 年,报告显示这些后期项目的满意度更高了,但强调了对管理层鼓励创新理念与认可和奖励制度的不满。这些调查结果导致管理改进计划开始采取行动。[16]

保护员工权益

许多组织机构中的员工待遇都明显让人感到担忧,如果逼得太厉害,可能会让部分员工产生抗拒。例如,以下场景讨论了工会问题以及提高工人权利的其他选项。

工作人员在华盛顿特区博物馆的主要入口外游行,他们举着抗议不公平劳动行为的标牌。这些代表专业和蓝领阶层的员工有共同的不满。新任命的首席执行官正在进行彻底的改变——削减项目和工作岗位、重组博物馆、集中决策以及实施有争议的政策。令员工感到痛心的是,一位拥有商业背景且没有博物馆经验的人被理事会指定管理博物馆。博物馆馆长基本已经降为中层管理者。全国工会正和最直言不讳与激进的人——策展人员——一起工作,以帮助他们组织起来打击这位压迫他人、不受欢迎的新领导者。媒体迅速抓住机会撰写关于博物馆苛待工作人员和管理不善的令人尴尬的文章。虽然这听起来是一个非常现代的故事,但它实际上发生在 1971 年华盛顿特区的科科伦美术馆。[17] 大约一年之后另一个标题引起了公众的注意。馆长吉恩·巴若(Gene Baro)和首席执行官文森特·梅尔扎克(Vincent Melzac)在一次博物馆公开的正式开幕仪式上大打出手。问题在于艺术家气质的馆长和削减成本的行政高管在风格、愿景和自尊心方面存在冲突。他们都在不久后被辞退。[18]

进入 21 世纪，劳伦斯·斯莫尔面临着类似的管理挑战，他在 2000 年成了史密森学会的总干事。斯莫尔因为将博物馆带入商业化和企业赞助的新时期而备受指责，包括接受不恰当捐赠者的捐赠。史密林学会内外的一批学者向理事会写了抗议信。对斯莫尔的批评还包括，他提议缩小规模并取消这些学者认为是最重要的项目，以及长期无视本机构员工的建议。斯莫尔的一些行为甚至激怒了国会议员。全美和世界各地的报刊都有大量关于这一主题的报道。《华盛顿邮报》大量引用了心怀不满的策展人和前任馆长们的话——自从斯莫尔于 2000 年 1 月任职以来报道了 6 次。[19]

2015 年初，美国汽车工人联合会（the United Auto Workers）成员聚集在纽约现代艺术博物馆内，举办了一场正式的招待会。博物馆员工举着批评馆长和理事会未能提供可接受的医疗保健福利和生活费用上涨的标语。专业人员和行政人员的联合会没有像过去几年那样罢工。（自 20 世纪 70 年代，博物馆工作人员一直有工会的组织。）博物馆的管理层随后在那个夏天谈判达成了可接受的解决方案。[20] 2015 年，另一项草根行动诞生了。一小群来自全国各地的博物馆员工和学生开始通过社交媒体和面对面会议就公平薪酬、无薪实习和工作与生活的平衡，以及社会公正和劳动力多样性问题展开网络讨论。博物馆工作者演讲（Museum Workers Speak）是一项自发组织的运动，为员工和学生提供了一个表达他们的关注点和对变革倡议的重要平台。[21]

职场伦理

所有这些例子清楚地表明，职场中的个人仍有受到公平对待的需求。查看外部博物馆关于如何对待员工以及如何处理组织机构变更的整体情况是有帮助的。1999 年和 2000 年，由哈德森研究所（Hudson Institute）组织的研究显示了全球雇员对商业、非营利机构和政府的忠诚度和责任感。令人惊讶的是，调查中只有不到一半的回复表现得非常坚定，尽管大多数受访者说他们为自己的组织机构感到自豪。最能激励人的是公平对待，其次是友爱、关心和信任的氛围。公布了行为准则和经营价值的组织机构获得了最高的赞誉。[22]

2000 年，一项针对企业员工态度的全国性调查调研了现有的行为准则或价值声明，与准则相关的培训，以及对违法行为的执行情况。研究表明，已立项的伦理项目与领导者和主管对价值观的建模之间存在正相关关系，提高了员工的满意度、忠诚度和保留率。[23]伦理资源中心（Ethics Resource Center）的最新报告调查了员工对伦理的态度，指出越来越多的不当行为发生在高级管理人员中，他们本应是制定行为准则的人。尽管这类不端行为有所增加，但职场的伦理培训也变多了，而且总的来说，各项组织的不当行为实例减少了。[24]

回顾上述博物馆和非营利机构的例子，我们看到了员工公平待遇的趋势。博物馆工作人员一直关注着伦理问题。有几个领域倾向于成为投诉名单的首位，包括：

- 利益冲突
- 员工虐待
- 职业操守缺乏

当理事会和工作人员做出服务于自我而不是遵循机构使命的决定时，利益冲突就产生了。过高的高管薪酬或其他津贴就是一个例子。另一个例子或许是对项目决策影响过大的捐赠者。忽视专业标准可能会以多种方式发生，但通常与展览或出版物的审查，或不计后果地出售藏品，或忽略藏品保存或工作场所安全问题有关。另一个问题是进行广泛的营利性创收活动，这些活动模糊了使命的路线和走势。不善待员工可能导致前文所述的与期望相悖的沟通不畅，手头工作缺乏足够的资源，关键决策缺乏发言权，缺乏对一般水平工资的承诺，让实习生无偿工作，以及对劳动力多样性的需求。尽管有伦理准则和价值观的声明，博物馆仍然缺乏对其执行力的关注。幸运的是，正如第四章讨论的那样，良好的领导力实践可以在回应这些问题方面发挥重要的作用。

讨论问题

1. 新入行的博物馆专业人员如何在动荡的劳动环境中规划自己的职业道路？

2. 绩效管理系统是否已经过时？管理者如何创造成功的机会？

3. 您所在的机构是否有行为准则或一系列的运营价值观？如果有的话，它们如何影响决策和行为？

4. 您所在的博物馆是否通过成功的员工规划、培训与职业发展来应对代际变化？

5. 您所在的博物馆是否有明确的政策和程序来管理所有的工作人员，包括不用付酬的志愿者和实习生？

注释

1 AAM, *The Museum Workforce in the United States*, 2011, accessed September 30, 2016, http://www.aam-us.org/docs/center-for-the-future-of-museums/museum-workforce.pdf?sfvrsn0.

2 Elizabeth Merritt, TrendsWatch 2016, American Alliance of Museums, 8-15, accessed September 24, 2016, https://aam-us.org/docs/default-source/center-for-the-future-of-museums/2016_trendswatch_final_hyperlinked.pdf?StatusTemp&sfvrsn2.

3 Lynne Lancaster and David Stillman, *When Generations Collide* (New York: HarperCollins, 2002).

4 John Durel, "Museum Work Is Changing," *History News* (Summer 2002): 22-25.

5 Maurice Davies and Lucy Shaw, "Diversifying the Museum Workforce: The Diversify Scheme and Its Impact on Participants' Careers," in *Museum Management and Curatorship* 28, no. 2(2013).

6 Maurice Davies, *The Tomorrow People: Entry to the Museum Workforce* (London: Museums Association, April 2007), http://www.museumsassociation.org on September 29, 2016.

7 Roger Schonfeld, Mariet Westermann, and Liam Sweeney,

"Art Museum Staff Demographic Survey," Andrew W. Mellon Foundation, July 28, 2015, accessed September 30, 2016, https://mellon. org/resources/news/articles/Diversity-American-Art-Museums/.

8 Anne Marie Gan et al., "The Gender Gap in Art Museum Directorships," 2014, AAMD, accessed September 4, 2016, https://aamd. org/our-members/from-the-field/gender-gap-report.

9 AAMD Press Release, November 17, 2015, accessed September 4, 2016, https://aamd. org/for-the-media/press-release/united-negro-college-fund-and-association-of-art-museum-directors-launch.

10 "AAM Strategic Plan 2016–2020," accessed September 4, 2016, http://www.aam-us. org/docs/default-source/default-document-library/english.pdf? sfvrsn=0.

11 IMLS, *What Are 21st Century Skills?* accessed September 4, 2016, https://www. imls. gov/issues/national-initiatives/museums-libraries-and-21st-century-skills.

12 Martha Morris et al., "Benchmarking Studies, 1995–2000," unpublished Internal Reports of the National Museum of American History, Smithsonian Institution.

13 Peter Drucker, *Managing the Nonprofit Organization* (New York: HarperCollins, 1990), 150.

14 Jennifer Berkshire, "Fledgling Nonprofit Workers Love Their Jobs But Bear Financial Burdens," *Chronicle of*

Philanthropy, July 22, 2012, accessed September 24, 2016, https://www. philanthropy. com/article/Fledgling-Nonprofit-Workers/156347.

15 Geraldine Kendall, "Museums and Their Staff and Paying the Price of Low Wages," *Museums Association Journal*, January 6, 2016, accessed September 24, 2016, http://www. museumsassociation. org/museums-journal/analysis/2016/05/01062016-museums-and-their-staff-are-paying-the-price-of-low-wages?dm_i%072VBX%2C8O0G%2C27LNK1%2CSIF3%2C1%29_.

16 Smithsonian Institution Staff Satisfaction Surveys from 2008, 2010, and 2015, accessed September 24, 2016, https://www.si.edu/content/opanda/docs/Rpts.

17 Three articles were written by art critic Paul Richard, "Changes at the Corcoran," *Washington Post*, *Times Herald*, May 7, 1971, B1; "Organizing the Corcoran," *Washington Post*, *Times Herald*, August 25, 1971, C1; "Union Repercussions at Corcoran," *Washington Post*, *Times Herald*, August 31, 1971, B1.

18 *Newsweek*, "Crisis at the Corcoran," 80, no. 9(1973): 92.

19 Phillip Kennicott, "Open Letter Berates Smithsonian's Small," *Washington Post*, January 17, 2002, C4. Author note: Small resigned his position in 2007.

20 Benjamin Sutton, "MoMA Workers Vote to Approve New Contract," *Hyperallergic*, June 22, 2015, accessed

September 4, 2016, http://hyperallergic.com/216630/moma-workers-vote-to-approve-new-contract/.

21 AAM Center for the Future of Museums blog post, accessed September 24, 2016, http://futureofmuseums.blogspot.com/2015/06/unsafe-ideas-building-museum-worker.html.

22 Walker Information Global Network and Hudson Institute, *Commitment in the Workplace*, September 26, 2000, Hudson Institute, New York, accessed September 30, 2016, http://www.imrbint.com/old/imrb_pdf/globalemployee.pdf.

23 J. Joseph, *National Business Ethics Survey: How Employees View Ethics in Their Organizations*, 2002, Ethics Resource Center, Washington, DC.

24 *National Business Ethics Survey*, 2013, Ethics Resource Institute, accessed September 30, 2016, http://www.ethics.org/research/nbes/nbes-reports/nbes-2013.

第四章 博物馆的领导力

博物馆的项目管理系统依赖于强有力的领导者的责任感。本章将探讨当今领导力的最佳实践以及这些实践如何影响项目的成功。本章将涵盖以下主题：

- 领导力的定义
- 21世纪的领导技能
- 伦理和决策
- 博物馆领导模范

领导力的定义

理解领导力在现代组织中的影响和意义是人们不断讨论的主题。如今，我们从政治、社会、经济和文化等多个角度来看待领导力。领导者对我们社会各界的成败会产生巨大的影响。当他人的工作在他们的影响下实现了积极的最终目标时，他们的状态是最好的。本章将介绍非营利机构和博物馆领导力的理论和实践，但同时也将参考营利机构研究中的理念和经验。确定领导者和管理者之间的差异,是开始研究这些问题的好方法。领导和管理之间的差异多年来一直存在争议,区别有待探索。虽然我们所有人都希望领导力能指引我们的组织机构度过动荡的时期,但也需要有能力的管理者。[1]

传统思维认为管理者是"把事情做对",例如:

- 组织工作
- 制定计划
- 招聘和培训员工
- 评估项目和员工
- 获取资源
- 沟通
- 分析需求/结果
- 决策

那么领导者做的有什么不同?他们"做正确的事情",例如:

- 为未来创造愿景和积极的场景
- 有激情
- 敢于冒险并鼓励他人这样做
- 考虑他们行动的影响:纵观大局
- 开发基础的价值
- 增强员工的能力与信心
- 倾听、促进和指导
- 寻找共同的价值和愿景

显然，领导者和管理者之间存在区别。然而，我们知道这些特征可以在个体中同时呈现。根据组织机构的具体情况，有远见的领导者可能还需要计划、监督和评估职场中的个人。管理者也可以走出他们的管理角色来承担风险，并对组织机构中所需的变更做出更大的设想。项目管理系统要求领导者和管理者都取得成功。我们将研究是哪些因素促使博物馆寻求这些类型的个体。当我们面对一个不稳定和充满挑战的世界时，我们需要组织机构中各个层面的领导者。

情境领导理论

与上述定义密切相关的是一种领导和管理理论，该理论最初由保罗·赫西（Paul Hersey）教授在20世纪60年代后期提出。在定义员工与主管之间关系的演变时，存在基于行为和任务之间关系的监督变量。如图4.1所示，指导和监督的进展随着员工的学习和能力而变化。在象限1（指挥式）中，主管正在密切指导新员工的工作。随着时间的推移，主管必须从强指挥变为给予帮助的人。在象限2（教练式）中，主管经常检查员工对于工作的理解，提供动力和指导。移至第3象限，主管（支持式）提供工具和其他资源来协助完成工作。而在第4象限中，主管是授权式的，由他确定最终的目标，而员工按照自己的节奏工作，很少或根本不受监督。显然，并非所有员工都应该受到同等级别的监督。他们的准备程度、信心和技能水平将发生变化。虽然这很简单，但对可能希望公平对待每个人的管理者来说会有压力。这只会增加职场动态的复杂性。[2]

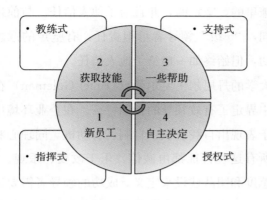

图 4.1　情境领导理论

改编自赫西、布兰查德（Blanchard）和约翰逊（Johnson）所著的《组织行为管理》(*Management of Organizational Behavior*)

现代领导理论

关于领导力的商业文献并不少见。回顾20世纪90年代初以来发展起来的理论，我们看到了从自上而下的指导方法到如第一章所述的行为管理系统的重点转变。这里将简述几个例子，因为它们会继续引起当前的领导力挑战。吉姆·柯林斯（Jim Collins）在他开创性的作品《基业长青》[*Built to Last*，与杰里·波勒斯（Jerry Porras）合著]中描述道，成功的企业领导者是胆大包天（Big Hairy Audacious Goals，即BHAG）的创始人。与此同时，由于强大的内部文化、在保持核心优势的同时推动创新、持久的价值观以及专注于本土管理，这些公司在过去一百多年的时间里展现出了巨大成功。[3]柯林斯还在20世纪90年代继续研究企业和非营利机构。他观察到一种新型的领导者，他是无私的、谦卑的、坚定的，并且给予他人信任。与前述 4 象极领导模型不同，"5 级"领导者承担责任，有坚定的意志，看到组织机构成功，但始终如一地给予他人信任。[4]

哈佛大学的丹尼尔·戈尔曼（Daniel Goleman）在他关于情商的著作中界定了有效领导的长期特征。在企业环境中，他发现成功等同于表现出自我意识、自制、有动机、同理心和社交技能的个性。所有这些特征都由诚信、乐于改变、乐观、有责任感、跨文化敏感度和团队建设来定义。[5]成功的领导者需要表现出专注于群体行为和个人意识的个人特质，而不是智力。戈尔曼继续写道，专注是领导者的重要品质。此外还有自我意识、理解其他观点的同理心，以及对他人需求的回应。你在组织机构中的位置越高，你就越不会集中注意力和富有同理心。因此，了解更广阔的世界，成为一名好的倾听者，并适应团队动态，将促进员工更多的创新。

麻省理工学院的彼得·森奇（Peter Senge）在他关于学习型组织的著作中定义了重要的成功标准。整体方法的重点包括：

- 系统思考：理解全局
- 自我超越：自我认知
- 心智模式：认识并克服思维中的偏见
- 共同愿景：创造一个所有员工都能接受的愿景
- 团队学习：分析经验教训的文化

上述特征强调了一种新的工作方式，这些特征既使所有员工参与组织机构管理，又让他们从经验中提升学习的能力。与戈尔曼类似的是，他发现领导者需要在个人和专业方面都拥有强烈的自我意识。心智模式的提法的价值在于，它可以纠正对工作场所中同事态度的根深蒂固的错误假设。森奇最令人难忘的理论是强调团队学习，认为对计划目标和工作流程的反思可以带来改进。例如，在博物馆领域，展览项目中对于成败的团队评估过程会带来对未来的改进。[6]

21世纪领导技能

柯林斯、戈尔曼和森奇所支持的理论对于21世纪的职场（包括博物馆）仍然具有重要意义。事实上，博物馆面临的最大挑战之一是把握变革，而他们的理论最能支持这种情况。另一位支持采取切实改变方法的管理大师是哈佛大学的约翰·科特（John Kotter）。科特在20世纪90年代的工作继续影响着当今的组织机构。他的理念包括营造一种紧迫感，建立内部变革推动者的指导联盟，在员工中培养贯彻变革的能力，以及加强组织文化中的新方法。[7]与营利机构一样，变革是所有博物馆都存在的问题。随着我们的环境不断发展并呈现出新的挑战，博物馆需要适应起来。经济衰退可能导致裁员、招聘停滞，还有兼并和重组。环境灾难会造成可能妨碍运营的重要影响。政治变革，来自其他博物馆和文化景点的竞争，或社区发展都可能给领导层带来新的压力。同样，成功的资金募集活动可以为新项目带来意想不到的资源，而社交媒体和智能手机等通信技术的改变需要博物馆开拓与观众合作的新技术、新方法。其他变化包括领导层调动和骨干员工的流失。现代变革研究的文献中将这种不断变化的状态定义为变幻莫测的时代（VUCA），意为易变（volatile）、不确定（uncertain）、复杂（complex）和模糊（ambiguous）的变化。积极应对这一挑战的组织机构需要采取以下步骤：[8]

- 基于可靠的数据做出决策
- 寻求多样的想法和观点
- 试验解决方案
- 为意外的经济衰退建立资源储备

这种方法类似于海费茨（Heifetz）和劳里（Laurie）在2009年描述的适应性领导理论。[9]处理变革需要一种基于组织机构范围内协作的快节奏方法。例如，组织机构应该专注于试验思考和重新设计繁琐的流程，而不是花数月时间来制定新的战略规划。快速行动是一种压力。领导者应该将同理心注入这个过程，进行直接和勇敢的对话，挑战现状，不责备他人。小组讨论应该侧重于探索解决方案和选项组。对不可避免的冲突的管理需要关注事实，而不是意见。因此应该逐步形成一套决策标准。正如我们在第二章里讨论的那样，对这种方法的应用应该允许更多的战略思考。以下是适应性领导者的关键责任，反映出战略思考的重要性。

- 保护
- 指引方向
- 定位
- 处理冲突

- 塑造规范

上述领导力都是必要的。成功的博物馆需要培养愿意前进和改变的战略思想家。在组织结构图上移除已确定的角色以提供项目领导甚至以协助解决短期问题是21世纪的技能。各级领导需要关注内部和外部利益相关者之间的关系建设，同理心应该成为这些关系的基础。我们需要采取各种形式的有效沟通方式，无论是口头、书面还是数字化的。事实上，在我们的数字世界中，能够顺利创造和理解绩效指标的个人越来越受到重视。当我们使用快速原型设计来测试解释性程序的新想法和新观众时，海费茨的适应性做法也同样重要。同时，所有员工需要能够看到组织的宏观目标，正如森奇的"学习型组织"所描述的那样。[10]

伦理与决策

在第三章中，我们回顾了培养高效员工的最佳做法，并聚焦于员工满意度、价值观和伦理道德规范的问题和现实问题。复杂世界的现实加剧了这些挑战。我们不仅需要成为学习型组织的适应性领导者，还必须深刻理解领导者与其雇员之间的心理关系。《哈佛商业评论》(Harvard Business Review)发表了一篇对领导者信任度的文章，该文章引用了一项对30家公司的调查。结果显示，至少有50%的员工不信任他们的领导。[11]这样的后果导致了生产力下降、压力和营业额的减少。信任的意愿与一个人承担风险的能力、自我满足感以及他们在组织机构中可能拥有的权利紧密相联。此外，如果问题是高风险的，信任就更难了。一个公开强调坦诚、诚信、公平的价值和关注员工的组织机构是最好的。

对经济衰退和职位空缺的处理使组织机构更难建立忠诚度，伦理道德在建立信任方面变得更加重要。伦理资源研究所（the Ethics Resource Institute）对领导者在职场中的作用进行了研究。[12]

研究结果表明，员工高度重视各级高层领导和主管，他们尊重所有员工、维护标准、信守承诺、共享成功的荣誉、妥善处理危机以及确保政策到位。另外，这些领导者会跟进违反伦理规范和价值观念的行为，并采取必要的行动。当我们考虑一些近年来博物馆的问题时，很明显伦理行为是有正当理由的。财务管理不善、馆长薪酬过高、藏品交换与出售以覆盖运营成本、不正当捐赠者的影响力、雄心勃勃的场馆扩建以及支持如石油公司等公共有害企业的投资政策都可能导致职场中的不信任。

决策

决策和伦理是相关的。它们的底线是需要保持一致、开放和公平。政策为藏品管理、资金募集、财务或人员以及伦理道德准则等决策制定了指导方针。这些方针在做出正确决定中指导了理事会和员工。那些影响博物馆使命、资源或声誉的事情必须被谨慎对待。它们可能产生深远的影响，并且需要有详细记录和精心的运作。公平的过程包括尽可能多的利益相关者、被广泛认可，以及员工理解他们在执行决策中的角色。但是，组织机构往往倾向于对高风险的决策守口如瓶，或根本无法及时、清晰地分享信息。例如，2010 年单方面决定对国家肖像艺术馆（National

Portrait Gallery）"捉迷藏"（*Hide/Seek*）展览的审查引起了一场令人担忧的风暴，并破坏了史密森学会领导层的声誉。鉴于道德与信任方面的调查结果，这个案例特别有启发性。政策被制定用来审查有争议的展览内容，包括是谁做出最终的决定。但显然他们没有遵循这些政策。[13]

决策过程并不总要达成共识。根据所涉及的风险，参与的连续性是习惯性的（见图 4.2）。如果该决策具有广泛的影响力，成本高且周期长，那么可以采用共识流程。如果决策是关于迫在眉睫的危机或威胁的，那么权威方法是最有意义的。这中间需要博物馆做出许多类型的决策，在收集数据和咨询受影响的利益相关者后，这些决策在很大程度上是领导者的特权。就史密森学会"捉迷藏"展览的案例来说，咨询的方法很可能是可取的。尽管在许多情况下，决策中情感的一面不能由任何过程控制，但可以得到显著的减轻。其他决策方法涉及加权矩阵，这让博物馆根据成本、任务和风险评估最重要的因素，类似第二章中讨论的矩阵图方法。按此方法，基于在已确定标准中的重要性，所讨论的项目便置于一连串的风险和回报上。

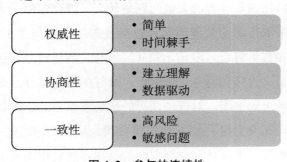

图 4.2 参与的连续性
由作者提供

领导责任和绩效管理

考虑到具有公平意识和包容性的新决策模式和伦理道德准则，我们如何能够确保我们的领导和主管对其行为负责？年度业绩评估流程是一种方法。虽然领导者习惯于评估员工的产出，但拥有一个领导力评估程序还是有价值的。这些程序被称为360度评估，涉及来自同行、直接下属和高级管理层的反馈。程序几乎都是保密的，允许与个别领导分享真诚的反馈。除了博物馆采取的伦理观、价值观和行为准则外，这种方法可以确保一个负责任的系统。

另一种评估领导力成功与否的方法是评估价值观声明对组织机构行为的影响方式。例如，领导层对新想法表示"肯定"并在理事会和员工之间寻求毫无畏惧的公开对话，这是评估圣地亚哥人类博物馆"敢于冒险"价值的一个标准。[14]

博物馆领导者的模式

当今博物馆领导者的关键问题是什么？博物馆领导者面临着许多需要采取行动的关键问题，包括改善理事会与员工的关系，市场营销和募集资金，多元化和社区参与，继任计划，组织机构变革，藏品、设施和财务可持续性。最好的博物馆领导者关注内部和外部需求的平衡，对模棱两可的事情泰然自若，为员工提供学习机会，充满力量，并不断省察自我。早在20世纪90年代，就有馆长积极寻求运营和规划方面的反馈，将它作为自下而上的方法，将决策授权给前线员工并组建跨职能团队。[15]

博物馆馆长的主要职能是什么？据估计，馆长要花费 50%
的时间与理事会合作。这包括了制定规划、制定政策、与外部组
织合作、制定和监测预算以及筹集资金。理事会的关系非常重
要。由于理事会在管理和保护资产以支持使命方面负有法律责
任，他们需要认真对待自己的角色。我们听说过一些理事会不起
作用的事例。理事会没有参与度，不理解他们的角色，也没有适
当的决策制度。[16] 因此，维系与理事会的关系可能是馆长最重要
的功能。用待解决的问题挑战他们，了解他们的兴趣和技能，并
让他们寻求资源来支持博物馆。重要的是，他们要以职位描述的
形式展现出色的沟通能力，进行情况介绍和更新信息，并提出明
确的期望。同样重要的是，他们需要依靠博物馆中发生的好事来
赢得感激和赞赏。理事会的参与也是一种规章制度和理事会成员
的本质。显然，他们不应该对日常运营进行细致的管理。建立对
馆长的信任是第一步。当理事会需要参与决策的时候，设置界限
是基础。除了理事会关系，还有许多其他的领导职责，如下
所述：

- 创造愿景
- 指导战略和年度运营计划
- 筹集资金
- 与社区合作
- 建立和保护馆藏与设施
- 制定政策与程序
- 开发高质量的项目
- 沟通：内部和外部

- 评估进度：基于绩效评估

通过这些职责，我们可以看到当今对博物馆领导者的特别要求。根据博物馆的需要，领导者将他或她的时间分配给所有这些职责，并希望将其中的许多职责委派给博物馆工作人员。

除了这些职责之外，一个现代的博物馆领导者还需要掌握其他 21 世纪的技能，如下所示：

- 动员员工为改变付诸行动
- 关注博物馆的价值观
- 投资员工发展/允许冒险
- 寻求与外部合作伙伴的合作
- 倾听并有同理心
- 寻求并鼓励基层领导
- 认可并奖励个人和团队的贡献

正如弗吉尼亚大学（University of Virginia）教授珍妮·利特卡（Jeanne Liedtka）在她关于设计思维的著作中概述的那样，无论是营利性还是非营利性世界中的新领导者，当他们有学习的心态，敢于冒险，与客户和观众保持紧密联系时，都会表现得非常出色，并且愿意"讲述当前显示的真相，并对未来持乐观态度"[17]。

博物馆领导者如何使自己适应这些特征以及许多其他传统职责？最成功的领导者能够与才华横溢的员工相处，达到工作与生活的平衡，并在工作中培养出令人难以置信的纪律。

模范的博物馆领导者

谁是拥有上述这些品质的人？20 世纪 90 年代，罗伯特·简斯领导了加拿大阿尔伯塔省卡尔加里市葛伦堡博物馆（the Glenbow Museum）。针对政府资金的缺失，葛伦堡博物馆面临着裁员和其他项目削减。简斯确信需要一种新的组织形式——一种具有包容性和协作性的组织——来改造博物馆。博物馆的新战略规划包括创建社区服务重点，这是一种包含各种收入来源的业务模式，主动拒绝和使命无关的藏品，业务流程简化，是一种新的商业企业。一所新的博物馆学校为教师提供了将教室搬到博物馆的机会。[18] 简斯和他的员工确定了一套平衡自由和责任的运营原则，其中包括了基于博物馆目标和战略的决策，每个人都了解他们的角色和预期结果，自由开放的沟通，以及鼓励采取考虑周到的冒险行动。高级领导者被期望在所有员工中培养相互信任、信心和尊重。博物馆的"变革蓝图"已经发挥作用了十几年。这一变化最具挑战性的支柱之一就是新的组织结构。重组可能会给员工带来压力。18 个职能部门被分成 6 个多学科单位。这种设计在需要调整结构前已经成功了好几年。这种设计使得两个职能部门合并在一位高级经理名下。另一个有趣的结果是，图书馆和档案部门决定轮换本单位领导，将自身作为一个自我管理的团队——如果没有简斯设定的合作模式，这肯定不会发生。[19]

华盛顿特区国家建筑博物馆（the National Building Museum）执行馆长蔡斯·林德（Chase Rynd）也具备这些新的特征。作为一名艺术史学家，林德于 2003 年接管了博物馆。他直率地承认，这项工作涵盖了一条以培养和培育员工为主题的学习曲线。该博物馆一直是解决环境可持续性和社区发展展览和项目方面的佼佼者。林德运用良好的倾听技巧，不断寻求员工的反馈，并鼓励实验项目，同时为员工提供学习机会。他并不反对在问讯处或导览中花费时间。他还致力于从有决策权的利益相关者那里广泛获得意见，并支持他的员工开发展览项目。[20]

匹兹堡儿童博物馆（Children's Museum of Pittsburgh）馆长简·沃纳（Jane Werner）是一位接受过专业培训的教育者和艺术家。作为现实主义者和乐观主义者的典范，沃纳和她的团队创造了全国社区博物馆中最佳范例之一。博物馆位于城市经济受到挑战的地区，始终寻求与邻里和该市其他机构的联系，为年轻观众创造学习机会。"创客空间"是他们项目规划的核心特色。此外，博物馆还为带兼容性使命的非营利机构提供住处。博物馆员工被培养和鼓励来制定有关社区领导力发展项目（例如有关当地青少年的项目）的计划，并为此承担风险。沃纳的工作得到了全国的认可。2016年，该博物馆获得了谷歌基金会（Google Foundation）的拨款，用于在全国各地的组织机构和学校中复制它的"创客空间"。[21]

G.罗利·亚当斯（G. Rollie Adams）于1986年被任命为纽约罗切斯特玩具博物馆（the Strong Museum）的首席执行官，在那里他是领导力和最佳管理实践的早期使用者。他制定了全面质量管理方法，重点关注基于团队的管理和员工的客户服务培训。他开创了一种"无边界"的方法来组织工作。[22] 不断轮换的工作人员队伍被分配到各个项目上。与加拿大阿尔伯塔省葛伦堡博物馆的组织机构相似，玩具博物馆团队专注于运营、流程改进和特殊项目。博物馆修改了为家庭和儿童服务的使命，并最终成为国家博物馆，致力于收集、研究和阐释该主题。该博物馆成功地打下了财政基础，扩建了场馆设施，并以创新的方式为社区服务。[23]

反思这些领导者的工作，它们都存在一些共同点。每个人都花了相当多的时间在工作上。他们不断用和社区产生共鸣的新理念重塑博物馆。他们可以被描述为冒险者和变革的拥护者。而且重要的是，他们尊重并支持员工。

为新的博物馆领导者做准备

21世纪初的人口统计数据显示了婴儿潮一代在快速退休。这些退休人员正以一个很快的速率使得职位空缺。超过三分之一的艺术博物馆馆长预计到2020年退休。寻找替代者一直是困难的，一些博物馆正在寻找跨界的候选人。这些人通常来自艺术、高等教育、商业或其他非营利机构。尽管缺乏博物馆经验，其中许多人都为受到挑战的机构带来了新的视角。[24]如果我们试图使博物馆现有员工为领导角色做好准备，我们需要寻求员工培训的机会。

管理者如何成为领导者？任何组织机构都不能忽视授权员工担任领导角色的重要性。这对于继任计划和实施上述自适应过程很重要。通过承认所需的能力，组织机构能够满足对各级领导的需要。这在项目管理领域尤为重要。大多数情况下，项目经理被分配到这项任务，因为他们在特定职能，如策展、教育或藏品管理方面拥有专业经验。这些人需要从专家变为多面手，从战术考虑转为战略考虑，并且学习交际手段和解决问题的方法。通过专业培训和工作机会都可以培养这些技能。通过分配到跨职能的特别工作组或支持高层领导者的立场来接触组织机构的广泛运作，可以使个人做好更充分的准备。事实上，博物馆应该考虑企业界正在寻找的东西，如：战略思考这样的非传统技能、自发出现的领导、增加兼职项目、责任感和谦逊。[25]

培训

高校的许多领导和伦理培训课程，不仅适用于商业领导者，也适用于非营利机构。北卡罗来纳州格林斯博罗的创意领导中心（Center for Creative Leadership）和卡罗拉多州的阿斯彭研究所（Aspen Institute）提供类似的培训课程。博物馆研究项目越来越多地为他们的项目增加领导力和管理课程。其他博物馆的领导力培训仅举几例：加利福尼亚克莱蒙特大学（Claremont University）的盖蒂博物馆领导力学院（Museum Leadership Institute）、纽约银行街学院（Bank Street College）和哥伦比亚大学的策展领导中心（Columbia University's Center for Curatorial Leadership）。像史密森学会和英国维多利亚与阿尔伯特博物馆（Victoria & Albert Museum）这样的私人博物馆已经为那些可能有一天能够接替现有领导者的员工制定了领导力发展计划。领导力培训现在是美国博物馆联盟、美国州与地方历史协会和其他区域协会计划的常规部分。博物馆信托协会（Museum Trustee Association）还有一些计划，以提高对理事会职责的理解，增强对招聘、入职培训的管理，并改善与员工，尤其是与馆长的沟通状况。除了这些计划，还有成千上万的博物馆工作人员可以从培训中受益，他们自己也是这样做的。幸运的是，博物馆专业人员的线上和线下继续教育培训课程越来越多。在我们的网络世界中，与个人分享关于最佳实践的信息变得更加容易。尽管有许多向更高职位发展的选择,今天最好的培训仍是实际的在职经验。社交网站领英(LinkedIn)进行的研究表明,获得最高领导职位的最佳预示是在企业多个职能领域获得经验。[26] 这反映了员工对岗位轮换培训的需求以及在组织机构中调任的意愿,即便这不意味着升职。幸运的是,项目管理为此提供了机会。

讨论问题

1. 您所在的博物馆如何解决领导力发展问题?想一想将来可以改进的方法。

2. 您所在的博物馆如何管理变革?想想最近需要最高领导协助才能通过的变革努力。从这次经历中您学到了什么?

3. 考虑到参与的连续性,在特定情况下,例如为博物馆造一幢新楼,您需要什么类型的决策系统?您如何将这些变化用于当今职场所面临的决策类型?

注释

1 这一差异的详述见 Warren Bennis, *On Becoming a Leader* (New York: Addison Wesley, 1989)。

2 Ken Blanchard and Paul Hersey, *Management of Organizational Behavior* (New York: Prentice Hall, 1972)。

3 Jim Collins and Jerry Porras, *Built to Last* (New York: HarperBusiness, 1994)。

4 Jim Collins, "Level 5 Leadership: The Triumph of Humility

and Fierce Resolve," *Harvard Business Review* (January 2001): 19-28.

5   Daniel Goleman, "What Makes a Leader?" *Harvard Business Review* 78, no. 6 (November-December 1998): 93-102.

6   Peter Senge, *The Fifth Discipline* (New York: Doubleday, 1990).

7   John Kotter, *Leading Change* (Boston: Harvard Business School Press, 1996).

8   Nathan Bennett and James Lemoine, "What VUCA Really Means for You," *Harvard Business Review* (January-February 2014), hbr.org accessed August 21, 2016.

9   Ronald Heifetz and Donald Laurie, *The Practice of Adaptive Leadership* (Boston: Harvard Business Press, 2009).

10   Marsha Semmel, "Museum Leadership in a Hyper-Connected World," *Museum* (May-June 2015): 65-66.

11   Robert F. Hurley, "The Decision to Trust," *Harvard Business Review* (September 2006): 55-61.

12   "Ethical Leadership," Ethics Research Institute, accessed September 11, 2016, http://www.ethics.org/eci/research/eci-research/nbes/nbes-reports/ethical-leadership.

13   Sheryl Stolberg and Kate Taylor, "Wounded in Crossfire of a Capital Culture War," *New York Times*, March 30, 2011, accessed September 18, 2016, http://www.nytimes.com/2011/04/03/arts/design/g-wayne-clough-and-the-smithsonian-new-

culture-war.html.

14 "A Blueprint for Success: Strategic Plan 2012–2015," San Diego Museum of Man, 31, accessed September 26, 2016, http://www.museumofman.org/sites/default/files/sdmom_stratplan.pdf.

15 Martha Morris, "1995 Survey on Strategic Planning, Organizational Change, and Quality Management," an informal, unpublished study of twentynine US museums conducted by the National Museum of American History Smithsonian Institution, 1995.

16 Maureen Robinson, *Nonprofit Boards That Work* (New York: Wiley, 2000).

17 Jeanne Liedtka, "A New Leadership Mindset," presentation at HRPS, accessed September 18, 2016, http://c.ymcdn.com/sites/www.hrps.org/resource/resmgr/ff11_presentations/jeanne_liedtka_.pdf.

18 Robert Janes, *Museums and the Paradox of Change* (Calgary: Glenbow Museum and the University of Calgary Press, 1997), 30.

19 Janes, *Museums and the Paradox of Change*, 250–53.

20 Personal interview of Chase Rynd by author, February 26, 2010.

21 Anne Bergeron and Beth Tuttle, *Magnetic: The Art and Science of Engagement* (Washington, DC: AAM Press, 2013), 125–34.

22 通用电气的首席执行官杰克·韦尔奇在 1990 年发明了"无边界"这一术语。后来,沃顿商学院的教授 Larry Hirschhorn and Thomas Gilmore 在《哈佛商业评论》写了一篇文章,即"The New Boundaries of the Boundryless Company"(May – June 1992):104-15.

23 亚当斯于 2007 年在华盛顿特区召开的中大西洋博物馆协会的建筑博物馆™会议上的主旨发言中分享了许多他的"再造"实践。亚当斯从 1990 年代至 2007 年还有好几次与博物馆成长相关的作者的非正式对话。

24 Julia Halperin, "As a Generation of Directors Reaches Retirement, Fresh Faces Prepare to Take over US Museums," *Art Newspaper*, June 2, 2015, accessed September 12, 2016, http://theartnewspaper.com/news/museums/fresh-faces-set-to-take-over-at-the-top-/.

25 Thomas L. Friedman, "How to Get a Job at Google," *New York Times*, February 22, 2014, accessed September 12, 2016, http://www.nytimes.com/2014/02/23/opinion/sunday/friedman-how-to-get-a-job-at-google.html?_r0http://www.nytimes.com/2014/02/23/opinion/sunday/friedman-how-to-get-a-job-at-google.html?_r0.

26 Neil Irwin, "How to Become a CEO? The Quickest Path Is a Winding One," *New York Times*, accessed September 11, 2016, http://www.nytimes.com/2016/09/11/upshot/how-to-become-a-ceo-the-quickest-path-is-a-winding-one.html?_r0.

第五章　博物馆的项目管理

本章将介绍项目管理系统的性质和被认为是该领域最佳实践的早期规划阶段。以下章节介绍了项目的发展以及团队在成功中的作用。自20世纪50年代以来，项目管理一直是组织机构中的重要工具，当时制造业、建筑业、政府和服务业都采用这种方法来强调效率和质量。许多大公司，如IBM、谷歌、微软和迪士尼，都是在项目基础上完成大部分工作的。这种方法成功地运用于建筑业和制造业，因为有一个需要获取技术资源并随着时间的推移监控进度的重型设计与制造部分。项目管理是一种有条不紊和系统化的方法，但在很大程度上依赖于协作规划和实施过程中的工作人员。回想第一章，我们研究了管理的科学理论和行为理论，这两项都对项目管理的实施至关重要。在非营利机构和博物馆中，特别是在员工和其他利益相关者有重要发言权的情况下，使用这些技术有可能以有益的方式吸引员工。在规模缩小和日益激烈的竞争时代，博物馆需要采用精简的运营方式。与营利行业非常相似，博物馆使用项目管理，围绕以客户为中心、以任务为基础的成果来组织工作。该方法的应用现在在商业和非营利机构中非常普遍，它催生了继续教育和正规大学学位课程。现在，项目管理协会（Project Management Institute）为我们经济体中所

有行业的数千人提供了该领域的认证,其中也包括博物馆人员。[1]以下代表了适用于项目管理方法的核心博物馆项目类型:

- 更新、扩建和新增建筑
- 展览和公共项目
- 藏品搬迁
- 藏品清单和数字化
- 特别活动
- 馆藏保护处理
- 信息系统开发

项目管理被定义为通过专用资源在规定时间内促成独特产品的工作活动。它通常涉及组织中多个功能单元和外部服务提供商的协同工作。其中一个最重要的因素是它是一个纪律严明的系统。这对一些不太倾向于采用商业行为的博物馆来说是一个直接的挑战。博物馆工作人员通常对专业标准、藏品研究、创新设计和其他"创造性"活动更感兴趣。因此,他们使用这种方法的速度很慢。史密森学会在过去25年中一直是这方面的佼佼者,它的几座成员博物馆现在都有专门的项目管理人员。建立这样一个正式的项目为博物馆和整个学会提供了一个用于实践、有着通用术语和流程的共同体。

在20世纪90年代末美国国家历史博物馆的研究中,有超过30家受访的博物馆表示它们正在使用一种项目管理表,特别用于展览。[2]这些博物馆使用跨职能团队,由一个中心办公室来控制项目进展,并制定了正式的流程来启动项目,包括明确角色和职责。其中,许多博物馆致力于在员工中设立专门的项目经理。在许多情况下，拥有全职项目经理的博物馆有大量工作人员（超过50人），但在所有情况下，尽管规模庞大，博物馆仍会指派一名工作人员协调特殊项目的规划和实施。

项目的生命周期

项目的生命周期可以定义为概念/选择、规划、实施和评估（见图5.1）。概念阶段会将项目与组织的战略规划和目标联系在一起。例如，展览的创意生成是一个涉及头脑风暴和观众反馈的阶段，以确保项目能够引起观众的共鸣，并与博物馆的愿景和使命保持一致。规划阶段涉及范围、进度、预算和团队发展的详细说明。运营政策和进展报告体系指导了实施阶段。这里正是工作的核心，需要我们不断保持警惕，以避免计划失败的意外事件。评估要在项目结束时完成，但指导这项活动的指标要在一开始就建立好。这里，团队将对项目的成功或失败进行详细的定量和定性分析。

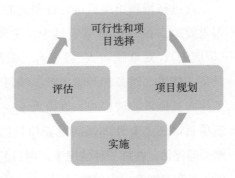

图 5.1　项目的生命周期
由作者提供

可行性阶段

在启动项目之前，博物馆需要分析需求及可行性。没有对其可行性进行认真评估的话，任何项目都不应该继续进行。作为战略规划的一部分，这一阶段的存在是为了确保所采取的任何举措都不会失败。第二章概述了使用矩阵图评估战略总目标和分目标的获利和任务交付中的一些选项。这种方法有助于评估现有程序区域的价值以及新项目的构想。一般而言，个别的项目将在详细审查和批准后即可启动。流程指南也会依照过去的成功为模板来开发。一些博物馆指南仅仅是活动清单，其他的博物馆指南则更详细，包括了关键角色和责任的界定。

在进行博物馆项目可行性研究时，让知识渊博的员工参与是很重要的。在一个展览项目中，主要参与者应该包括内容专家（策展人）、观众代言人/教育者、藏品主任、展览设计师，以及设备、技术、财务和筹款人员。项目经理或具有展览经验的其他工作人员应该协调审查。规模大于一个展览的项目，例如新的建筑项目，还需要外部顾问对新项目的市场评估和对资本活动的捐赠兴趣评估。在每一种情况下，项目的可行性必须考虑利益相关者的需求和对观众、内部容量、人员配备及财务优劣势、安全性和可达性的假设，其他已批准项目的竞争需求以及项目后的可持续性。

计算项目风险是至关重要的。对于一个重大项目，博物馆考虑可能出现的问题是明智的。一个被称为"假设"的阶段可以揭示出许多潜在的问题。如果你的主要捐赠者退出了怎么办？如果制作展览的成本突然升高怎么办？如果你的社区中有另一个博物馆开放，吸引访客，该怎么办？如果你所在地区发生自然灾害怎么办？根据项目的规模，制定减少风险的方案将有助于做出有关未来的合理决策。例如，可能需要此类分析的举措包括涉及新的外部伙伴、新技术或新的学术领域的项目。启动一个新的网站，与其他博物馆合作，或在没有大量内部经验的情况下开发新的研究和收藏领域，都需要更仔细的风险分析。美国州与地方历史协会在 2012 年出版的《技术手册》中提出了评估风险的模型。《手册》提出了对例如假定的项目规模、重要性、资源稳定性和未经测试的技术系统应用等进行测试，从而发现可能发生的事情的理念。[3]

虽然假设所有项目都是从博物馆批准的战略规划的总目标和分目标中诞生的，但可以且应该考虑新的想法。考虑因素应包括将提案与博物馆的使命联系起来的必要性以及利用现有战略目标的能力。在未考虑对其他工作的影响的情况下，阻止他人说出"这是一个很好的主意，让我们做吧"的想法是大错特错。我们应该提出的问题包括：为什么是这个项目？什么时候是最好的实施时间？预期结果是什么？我们将如何衡量成功？谁是参与该项目的主要利益相关者，我们如何评估他们的需求？我们需要考虑哪些假设，例如依赖特定馆藏、工作人员、展览时间表上的空档或完成项目的时间？我们能否确定我们不赞成某些东西只是因为它是馆长、理事会主席或其他关键决策者普遍接受的观点？

要确保资源的供给需要制定初步的预算。这些预算数字应仅作为占位之用，因为项目的进一步细节将反映更加精确的一组数据。然而，这里有一个微妙的平衡。博物馆应该对预算充满信心，以做出合理的否定/决定。一旦获得批准，项目范围内的任何重大变化都会对预算产生一定的影响。规划的早期阶段是进行调整的时候。一旦进入实施阶段，这些调整就更加困难了。通常，成本/收益分析会有所帮助（见图 5.2）。如果我们做这个项目，它会不会令我们的战略规划取得重大进展？或者我们是否会发现我们在一个影响不大的项目上投入了时间？"机会成本"是一个需要被考虑的方面，但经常在对于新想法的兴奋中被忽视。简单地说，我们因为承担一个新项目而放弃了什么？我们是否将藏品保护或积压的工作放在了一边，以便将资源转移到新的公共项目或展览上？事实上，这可能是当今博物馆最重要的标准之一。我们人手短缺，预算有限。决定接受一场重磅炸弹般的巡回展览可能意味着我们冒着折中的藏品保护标准。这肯定不是一个好的权衡。今天，博物馆几乎总是需要考虑的一个因素是资金来源。如果没有一定资金保证，那么项目就不太可能获得批准。因此，开发人员需要在这个可行性阶段发挥作用。

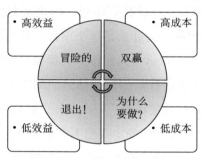

图 5.2　成本/效益分析
由作者提供

　　指导决策流程通常是一个非常重要的主题框架。所有博物馆都应该使用一套知识主题来指导它们的说明性规划。这些通常是在战略规划流程中制定的。主题可以围绕观众、社区利益、社会活动，或藏品优势分析来组织。这将因博物馆而异。一个以社区为基础的博物馆将与当地观众合作开发项目。利益相关者的利益可以推动选择的过程。社区成员甚至可以策划展览。在大多数博物馆中，核心员工负责开发展览和项目。虽然策展人可能会带头解释项目，但博物馆应该成立一个规划团队或工作小组来制定主题和总体的教育信息。这个由外部专家，包括历史学家和设计师或媒体专家推动的团队将带来新的想法。不同的观点是至关重要的。随着想法的讨论和探索，我们要确保为这项工作留出足够的时间。在考虑观众的时候，这些规划应该包括如何结合批判性思维，制造民众热议，并为观众提供个性化博物馆体验的机会。[4]

游客体验的组成部分包括展览、公共项目、互动、特殊活动和拓展活动。制定一项与实现使命和愿景相关的总体规划是理想的。具体的项目构思可以围绕主题或其他有限框架生成，或者围绕相应社区利益相关者的意见。一个例子可能是承认关键的当地时间或纪念日。战略规划期间做出的观众研究和人流数据统计也可以为新的解释性项目揭示重要思想。其他类型的项目涉及核心目标，例如收藏、馆藏保护和获取，以及数字化拓展的新领域。在大多数情况下，所从事的任何项目都应该在战略规划、愿景和目标的背景下（见图 5.3）。

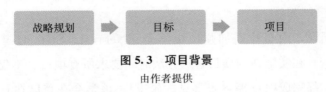

图 5.3　项目背景
由作者提供

批 准 项 目

项目的审查和选择通常由内部员工或由理事会成员和外部顾问进行。分层系统在最终获批准之前需要进行多轮审核。决策委员会至少由受影响的利益相关者组成。最终决定可能是理事或理事会的责任，但内部审查的级别可以避免问题。流程的一致性是至关重要的。此外，透明的流程将在很大程度上确保员工的认同。我们应该制定政策来概述决策标准、审查流程和最终的决策者。如果发生与项目构想相关的例外或争议，那么解决或适应这些情况的流程非常重要。例如，会引起公众抗议或观众批评的博物馆展览或项目。博物馆应该准备好在项目实施之前妥善地处理这个问题。

我对展览开发过程的研究表明，博物馆经常成立跨职能的决策委员会，该职能既可以作为审批机构，也可以在项目开发过程中为项目提供持续的监督。例如，在20世纪90年代后期，密苏里州历史学会（Missouri Historical Society）使用研究和项目委员会（Research and Program Committee）来审查由团队制定的提案。审查标准包括学术研究、使命、展览策略、补充项目、观众吸引力和资源需求。[5] 其他博物馆通常使用一种类似的方法。美国国家历史博物馆设有员工展览开发委员会，由策展人、教育工作者、程序员和项目经理组成，他们在提案制定阶段评估想法并指导员工。[6]

同样，内布拉斯加州历史学会（Nebraska State Historical Society）在实施新的项目管理方法时，要求所有项目（不仅仅是展览）都完成项目提案表（见附录F）。该学会在首席执行官特雷弗·琼斯（Trevor Jones）的指导下积极参与执行项目管理系统。作为一名经过认证的项目管理专家［项目管理协会（Project Management Institute）的项目管理专业人士（PMP）］，琼斯完全相信这些技术的重要性。提案表基于他在肯塔基州历史学会（Kentucky Historical Society）担任部门主任期间开发的一份表格，用于审核和非正式地特许项目。他觉得这种形式有助于"将项目管理原则融入流程，而不会令人生畏"。这种形式是一种简单的方式，可以让员工有机会分享他们的好主意，同时"批判性地思考可测量的结果和可交付的成果"。员工将表格提交给他们的主管进行讨论，一旦获得批准，就会由首席执行官和高级部门主管进行审查。如果这个想法得到批准，那么需要分配一位项目经理。琼斯认为这是一份对于决策来说最重要的文件，因为它迫使组织思考结果和资源。[7]

并不是所有博物馆都采用高度结构化的决策方法。2016年8月，《纽约时报》的一篇文章详细介绍了一些博物馆如何应对决策流程的例子，其中包括了东北地区的几座中小型艺术博物馆。例如，康涅狄格州格林威治的布鲁斯博物馆（Bruce Museum）计划提前几年举办"项目论坛"来集体讨论展览构思。决策取决于艺术品的可用性、对观众的吸引力和博物馆的使命。[8]在经济、社会和技术进步的各种变化所强调的动荡世界中，博物馆越来越容易改变或放弃科层决策过程。在不断变化的世界中，博物馆需要更多的灵活性。对于那些回应公共政策、社会变革或观众需求的短期项目来说，就需要一个能够应对这些机会的规划模板。有时，回应可以是一个小型展览案例或是基于网络的项目，或者更常见的公共项目。这些类型的项目案例将在后面的章节中呈现。

讨论问题

1. 您所在博物馆如何开发项目创意？是否有相关政策？您是否清楚地了解谁对这些决定负责？
2. 如何制定有远见的主题并回应观众体验期望的项目规划？

3. 如何在小型博物馆中运用可行性和风险分析？是否需要投入与项目推进有关的前期时间和成本？

注释

1 The Project Management Institute accessed at www.pmi.org，October 30，2016.

2 Martha Morris，"Recent Trends in Exhibition Development," in *Exhibitionist*，National Association of Museum Exhibitions 21，no. 1(2002)：8-12.

3 Steven Hoskins，"Calculating Risk：A Guide to Project Management for History Professionals," *Technical Leaflet 260*，Nashville：American Association of State and Local History，2012.

4 Walter Crimm，Martha Morris，and Carole Wharton，*Planning Successful Museum Building Projects*（Lanham，MD：AltaMira Press，2009），48-50.

5 Morris，"Recent Trends in Exhibition Development," 10.

6 作者于2016年11月16日采访了美国国家历史博物馆的项目经理劳伦·特尔钦-卡茨(Lauren Telchin-Katz)。

7 作者于2016年11月16日采访了劳伦·特尔钦-卡茨。

8 Susan Hodara，"How to Put a Museum Exhibition Together (Hint：Start with Cash)," *New York Times*，August 26，2016，accessed October 12，2016，http://mobile.nytimes.com/2016/08/28/nyregion/how-to-put-a-museum-exhibition-together-hint-start-with-cash.html?_r2&referer.

第六章　制定项目规划

本章将介绍项目规划的制定，包括制定一个有效的任务书，建立项目团队并指派项目经理，制定详细的时间表、预算、实施时间表和评估指标。所有这些组成部分都是项目管理系统的关键要素，需要得到严格的执行。虽然这些是项目规划及其实施过程中的标准组成部分，但并非所有博物馆的项目都需要全套的工具。本章概述的方法最常适用于例如展览、藏品搬迁、建筑翻新或扩建、大型数据库管理项目等主要项目。小型或短期项目，例如特殊活动或教育项目可能不需要做到这种详细程度。显然，如果博物馆工作人员非常少，他们可以以非正式方法处理项目。

制定项目任务书

如第五章所述，一旦项目获得批准，博物馆将正式立项并指派核心员工完成工作。任务书是一份书面文件，描述了项目的范围、时间表、预算及人员分配。这份文档描述了最终的目标和成果、资源和时间表的假设、主要利益相关者和负相关责任的经理、团队成员、预算、关键节点和报告时间表。任务书是一种管理工具，应得到博物馆领导（馆长或其指定人员）的批准，并分发给所有主要工作人员，包括智能办公室负责人和项目团队成员。该文件可由博物馆委员会，或更常见地，由指定领导该项工作的项目经理起草。项目的这个阶段是正式而重要的。倘若没有明确的期望，博物馆项目将陷入困境。有关博物馆任务书样张，请参见文本框 6.1。

6.1 项目任务书样例

项目任务书：有史以来最好的展览
批准人：博物馆馆长
日期：
目标：本次展览回应了博物馆的战略目标，即制作关于社区历史主题的优秀展览。展览将利用新收藏领域的学术研究和博物馆藏品，以应对不断变化的人口统计数据。
假设：展览将在 12 个月内完成，使用 75% 的博物馆藏品和外部租借，至少三次互动，并结合最近的观众评估数据，以确保提供快速响应的教育。开放前 4 周将提供 2 500 平方英尺的临时展厅。博物馆将附 1 本小册子，25 页目录，4 场讲座，1 场研讨会，1 个网页和 5 个家庭项目。
核心团队成员：
项目经理
项目总监
策展人
藏品经理
设计师
教育者
预算：不超过 100 000 美元（结合博物馆资金和配套资金）

建 立 团 队

博物馆项目团队可由全职或兼职员工或承包商组成。志愿者和实习生通常也会发挥作用。团队本身包括了完成项目所需的专家。例如，藏品移交团队通常包括策展人、登录员、藏品经手人、管理员和托运人。展览团队包括教育者、设计师、藏品经理、策展人和技术人员。在小型博物馆项目中，一些工作人员或许会和外部顾问，或者更常和志愿者一起处理任务。考虑到涉及大量资金，一些项目会由专门的全职团队成员负责。但实际上，博物馆必须与现有员工合作。在较大的博物馆中，可能有几个团队会同时开展各种项目。经验最丰富的员工有时会被要求参与多个项目。

在大多数情况下，项目经理负责组建团队。技术人员名单维护将有助于团队成员的选择过程。通常，项目经理需要与每个团队成员的主管协调他们的时间。如果个人需要执行多项优先任务，这通常就有些棘手了。在这种情况下，管理人员只能对时间表做出调整，以确保合适的人员服务于团队。或者，博物馆可以签订所需的服务合约或聘请临时员工。博物馆考虑给现有员工培训可以应用于项目的新技能是明智的。在考虑团队资格时，组合技能是最好的，这包括了人际关系。第七章将更详细地探讨这种组合。

在我进行过的调查中，找到流程早期阶段所形成的跨职能团队是一种惯常做法。每位团队成员代表了他或她的职能办公室报告项目的发展。项目团队由核心小组和扩展小组组成。[1]这种模式一直是一种合理的方法。核心团队包括关键技术人员，他们将定期合作来规划和执行项目。展览的核心团队通常包括策展人、设计师、教育者和藏品经理。扩展团队代表了需要在特定时间加入项目的员工，例如当市场营销人员为新展览造势的时候。扩展团队成员可能参与委员会审查、筹款支持、互动技术、合同和法律审查，以及遵守建筑规范和可达性或安全问题。在某些情况下，个人将轮流加入团队一段时间，特别是当他们的专业在项目现阶段至关重要的时候。项目任务书应概述核心和扩展团队成员的角色和职责。

任务分析和时间表

与项目相关的任务有很多。在此阶段，项目经理和团队需概述实现最终目标的所有主要任务和次要任务。正如人们可以概述出书面报告或论文一样，项目任务分析有一组主要元素，并且在每个标题下都有子任务。在经典项目管理中，甘特图（the Gantt chart）是一种根据时间描绘任务的最佳格式。在图 6.1 中，你可以看到一个简单的展览项目时间表示例。大多数展览时间表包含许多元素，例如预设计（用于界定问题和最终目标）、藏品研究、基于展览宏观草图的概念设计、带立面图的方案设计，以及关于

任务名称	第4季度			第1季度			第2季度		
	10月	11月	12月	1月	2月	3月	4月	5月	6月
1 研究主题		策展人							
2 发展概念				策展人与设计师					
3 展品安全					藏品经理				
4 详细设计				设计师					
5 展品维护					保护者				
6 市场营销							市场经理		
7 资金筹集						发展官员			
8 网站						市场经理			
9 准备场地						设备员工			
10 安装						展览员工			
11 设计教育项目						教育者			
12 开幕活动						活动员工			
13 公共项目								教育组	

图 6.1　展览项目甘特图
由作者提供

主题、物品放置、观众测试主题的详细信息，一直到最终的设计文件和工程所需的硬成本。这些任务包括了与展品选择、租借谈判、目录研究、维护、脚本撰写、网页设计、筹款和开幕活动相关的子任务。基本任务构成了随着时间推移通向展览开幕的必要路径或步骤。图表中列出的每项任务通常都会关联到相应的员工、空间、预算项目、完成时间和截止日期。项目经理和核心团队会完成最终的时间表。

我们需要考虑任务列表和已安排好的重要事件的序列。所有任务都简要反映出随着时间的推移项目所经历的逻辑进展。时间表中列出了先例和相关性。例如，对馆藏的研究应先于设计与脚本撰写活动。维护处理应在展品安装之前进行。重要事件标志着实施阶段的完成，例如最终设计。虽然创建任务列表、序列和重要事件之间存在着逻辑关系，但可能存在着会造成问题的外部因素。例如，虽然用于为展览安装物品的时间是很明确的，包括获取租贷的时间，但总会出现意想不到的周折。天气事件、员工紧急情况甚至现金流问题都可能造成延误。因此，所有项目进度表都应该在包含突发事件的情况下制定。宽松的时间表将为实现重要事件提供一些余地。然而，某些项目的灵活性较低，例如为项目设置了完成的固定日期。事实上，大多数项目确实有一个预估的结束日期，并且日程安排通常是从该日期开始"向后"建立的。如果任务被破坏或者无法实现，那么项目团队将需要对其调整，即削减一部分展览或增加更多资源，以确保他们能够实现目标。这通常需要增加预算，或者让更多的员工加入项目团队。现实情况是，时间表不断变化，需要经常更新。

关键路径分析

所有项目通常都需要关键路径，这包括必须执行的所有操作、每项任务的时间以及它们的顺序。在项目管理学科里，这个过程被认为是确定以下内容的有效方法：

- 必须执行哪些任务
- 可以执行并行活动的地方
- 您完成项目的最短时间
- 执行项目所需的资源
- 涉及的活动、日程安排和时间顺序
- 任务优先级
- 最有效的缩短紧急项目时间的方法

因此，有效的关键路径分析可以决定复杂项目的成败。对于博物馆展览，一个简单的关键路径包括从概念设计到展品选择和维护、脚本完成、安装和最终开放的步骤顺序和天数。路径中其他步骤可能会影响项目，但不会改变它的完成。这种分析对于评估规划实施中遇到的问题很有用。显然，如果资源短缺并且对成功的期望很高，那么这一规划阶段就很重要。PERT 代表程序评估和审查技术（Program Evaluation and Review Technique），是一种关键路径分析的变体，它对完成每个项目阶段所需的时间持更加怀疑的态度。美国海军于 20 世纪 50 年代开发了这种技术。该方法包括在关键路径上创建变化，并评估每个任务完成的可靠性和准确性的概率。大多数博物馆项目不太可能像建造潜水艇一样复杂，因此只有在一个主要建筑项目合同下的建筑公司和其他技术顾问可能要使用 PERT 分析法。[2]

在考虑这些时间表的制定方法时，必须使用可以创建可靠的项目规划软件，包括提供上述关键路径分析。有许多非常详细和复杂的产品，例如 Microsoft Project。这对于涉及很多参与者、并行子项目、在数月或数年中发生变化的设计和可用资源最为有效。但是，对于大多数项目而言，更简单的系统可以轻松共享信息并做出决策，包括 Smartsheet、Basecamp、Asana、Trello 和 Evernote。为了创建简单的项目条形图，可以使用 Microsoft Excel、Fast Track 或从网络上下载免费软件。无论如何，强烈推荐使用自动化工具。这些工具使得我们可以和项目团队成员和博物馆其他人员快速更新和共享信息。

预算与资源分析

资源的分配通常等同于资金。然而，同样重要的资源是员工、藏品、设备和时间。与所有资源（例如，工作人员在项目上花费的工作天数，或其他"间接费用"的贡献，设施升级或藏品准备）有关的成本开发是重要的。制定准确的预算始于检查过去项目成本或比较其他博物馆的类似项目预算。从外部供应商那里寻求项目的当前成本对于确保预算不会偏离基础是非常重要的。竞价在许多机构中是强制性的，以确保合理的价格。在诸如建筑翻新之类的重大项目中，可能需要外部成本估算师以确保价格的准确性。预算包括直接成本和间接成本。对于展览项目，直接成本包括所有现金支出，即包括招聘顾问或临时工作人员、空间准备、展览案例的建设、维护修复、摄影、网页设计、运输和接收、目录设计、藏品获取、图形制作、开幕派对等众多项目的费用！间接成本包括登录员应用于项目的工资百分比、公用事业和安全成本，以及会计、采购和人力资源的费用。预算模板是完成项目规划这个重要阶段的有用工具。[3]项目成本类别制定用来与博物馆会计系统相匹配，但也可以转化为有助于告知利益相关者的报告，例如授权代理机构或博物馆理事会。预算允许博物馆积极地筹集资金，尽管这可能已经在项目获得管理层批准的时候就开始了。我们需要早期预算估计以确保项目是可行的（见文本框6.2）。

6.2 项目预算样本

工资与福利	
策展人	25 000（年工资支出的50%）
教育者	15 000（年工资支出的30%）
合同服务	
设计师	10 000
生产厂商	20 000
展品维护	5 000
租贷（运输等）	10 000
网站展示	3 000
拓展导览	1 500
杂项开支	
物资、设备	5 000
市场营销	3 000

开幕活动/节日	5 000
应急资金	10 250
总计	112 750 美元

项目经理将制定预算并负责成本控制。预算行的项目将成为项目进度表的一部分。这对于确保在项目实施时有足够的现金来完成工作非常重要。承包商和供应商希望定期付款。预算通常是在与项目团队合作中制定出来的，并依靠部门专家的估算经验。事实上，一些博物馆会把项目资金直接分配给部门进行支出。只有项目进入能够在监控这些支出方面发挥作用时，才是有效的。如果项目资金不足，或者估算不切合实际，博物馆管理层需要寻求紧急资金、协商借贷或者调整项目范围。最糟糕的情况可能是完全取消该项目。为了避免这种可能性，预算中必须加入应急资金。这通常可能占了博物馆总预算的10%，但根据项目的复杂程度数字会有所不同。一开始，大的意外情况会造成重大影响。对于一个建设项目，博物馆可以预留高达25%的预算作为应对不可预见成本的缓冲。如果项目执行需要很长一段时间（例如几年而不是几个月），则必须在预算中加入与成本上升有关的涨价因素。另外一个要考虑的因素是项目完成后的成本。例如，一旦展览开放，需要哪些资金来保持展馆清洁、藏品轮换、新教育产品开发，以及进行维修或其他更新？对于大型资本项目，例如建筑扩建，持续运营的成本通常由专门用于这些费用的捐赠基金支付。

为项目提供资金

项目资助包括了各种来源,如个人礼品、捐款、捐赠支出、收入、政府拨款或筹资(借贷)。在当今许多博物馆中,寻求外部资金是强制性的,外部资助者希望看到合理而实事求是的预算。一些博物馆有分配给展览、教育活动或特别活动等项目的年度运营资金。在某些情况下,博物馆可以为一项重要项目提供无限制的储备金。更常见的是,博物馆需要从各个渠道筹集资金。这些通常包括可以用于一般运营或更常见的用于指定项目的个人捐赠。捐赠可能只能支持项目总费用的一部分,例如提供给学校的教育材料。博物馆经常向理事会成员或长期捐赠者寻求个人捐赠。其他资金来源可能来自政府机构的拨款。一个例子是联邦政府捐款 2.5 亿美元用于在华盛顿特区建造国家非裔美国人历史与文化博物馆(National Museum of African American),另外一个例子是科罗拉多州丹佛市用 3 000 万美元债权计划来支持自然科学博物馆(Museum of Nature and Science)建立新的收藏和教育部门。这些类型的资金是独一无二的,是博物馆理事会和员工进行大量规划和宣传的结果。其他筹款可能是向企业或基金会申请拨款的结果。企业通常将它们的支持视为品牌意识和良好公民的手段。基金会拨款通常需要很长的准备时间,并且通常仅限于符合其捐赠理念的特定类型用途。例如,皮尤基金会(Pew Foundation)对史密森星条旗(Star-Spangled Banner flag)的维护的支持是一项与拯救美国瑰宝有关的特别倡议。在现代网络世界中,基于互联网的资金的兴起是另一个重要来源。个人可以通过在线门户网站给博物馆捐赠。众筹的兴起是另一个选择。博物馆正在使用 Kickstarter 众筹网站和许多线上捐赠项目,因为它们可以引起公众对项目的兴趣,还能收获新的会员和观众。美国国家航空航天博物馆(National Air and Space Museum)通过 Kickstarter 活动迅速筹集了 70 多万美元,用于支持尼尔·阿姆斯特朗(Neil Armstrong)太空服的维护。[4] 其他募集资金的方法包括大型项目的资本运作或向当地银行借款,为今后募集资金提供过渡贷款。博物馆通常允许项目动用手头或承诺一定比例的资金将项目进行下去,以期能够筹措到所需的余额。显然,博物馆的风险承受能力决定了哪种方法是最好的。筹款功能由开发人员负责,但在大多数情况下,项目经理和主要团队成员需要募集资金或实物服务。

项 目 实 施

一个项目获得批准,任务书签署了,团队成立了,时间表和预算制定好了。规划正在进行,正在取得进展。那么下一步是什么?随着任务展开,项目经理将负责监控进度。应该在早期就组织会议启动该项目。这是一个纳入管理层期望和介绍官方任务书的重要机会。在项目的整个生命周期中,团队会议和管理报告用于协调工作和监控进度。没有项目规划是完美的,通常都需要改变。项目延迟的话怎么办?当预算需要调整时(它一定会!),需要谁参与?需要和理事会共享那些关键路径的重要事件?项目经理何时需要在出现问题时寻求帮助?我们可以在项目进度表中规定,项目经理要定期向管理层或理事会报告。例外情况由项目经理和团队自行决定，并且在大多数情况下由他们的最佳判断决定。可能发生的一项工作是资源调配。在拥有多个项目的博物馆中，可能会缺少员工时间或资金。资源调配设计调整，其中可能包括例如为优先项目增加更多员工，为该项目筹集更多资金，或者用延长开放日期来延长时间表。

项目可以从该领域的新方法中受益。技术应用和展览开发更频繁地采用敏捷项目管理（Agile Project Management）。[5] 它的基本思想是以迭代方法创建项目。一直和客户一起测试他们的想法的自我指导的团队开发了项目的一小部分。在展览的案例中，这个过程可能涉及和观众或者项目团队成员一起创建和测试设计理念或标签文本。观众的反馈会随后在开发的下一阶段予以考虑。这个过程允许不断调整，团队成员之间互相学习，这样的项目可能会更加成功。事实上，博物馆馆长赵植平（Ron Chew）在《博物馆新闻》（*Museum News*）的一篇文章中写道，他早就认识到敏捷性在项目开发中的必要性，他说："快速响应模式是最有意义的。"从有条不紊的开发实践转向由小团队富有想象力地对重要社会问题加以回应，是西雅图陆永昌博物馆（Wing Luke Museum）的典范。赵植平率先与非专业人士和社区成员合作，以回应他们的问题和关注。试验是一个学习的机会，可以让我们不断进行最佳实践并拒绝那些没有成功的想法。[6]

评估指标

虽然评估是一项通常在项目完成后才发生的活动，但需要有在一开始就确切判断其成败的措施。很少有赞助基金会或机构会资助一个没有合理的评估计划的项目。这些计划需要考虑博物馆的战略目标，具体项目和这些目标的关联方式，以及评估结果的方法。这些通常根据观众体验、公众反应和整体质量来定义。可以纳入评估计划的其他方法分别是成本差异、团队绩效、准时交付以及遵守博物馆使命、愿景和价值观。这些内部和外部措施可以根据数字（如访问网站的频率、筹集资金的速度、产生了多少正面的新闻评论）或质量（如特定展览的学习成果、新产生的研究、项目对服务不足的观众的可访问性，或关于项目团队动态的经验教训）来制定。博物馆用于评估项目成功的其他类型的衡量标准通常是出勤率、资金增加、新闻报道数量和会员数量。第九章将更详细地研究项目的评估系统。

管理问题

博物馆需要明确的政策和程序来管理项目。这里包括了项目如何制定任务书，参与决策和持续审查的委员会，以及预算和筹款政策。调查显示，许多博物馆已经制作了关于如何创建展览的文件，以确认部门的角色和责任，以及决策指南。经过多年的详细政策和程序开发，博物馆应制定精简的指导方针，包括逐步完成整个过程的清单。这通常是在评估阶段吸取经验教训的结果。美洲印第安人国家博物馆（National Museum of the American Indian）于2000年制定了他们的项目管理指南文件。这项正式确定了项目审查、任务书和实施过程的工作，详细说明了团队成员和职能办公室以及高级管理层的角色和职责。从那时起，博物馆继续通过中央计划办公室完善它的流程。克里斯塔·斯特布勒（Christa Stabler）是美洲印第安人国家博物馆执行规划办公室的负责人。自 2000 年以来，她一直在博物馆工作，担任各种角色，包括参与公共项目、展览以及 2004 年新博物馆开放的过渡团队。斯特布勒在弗吉尼亚州的一个小型社区博物馆工作了大约 10 年，领导博物馆运营、扩建和筹款。执行规划办公室负责项目管理，主要是展览管理，由三名全职项目经理负责。她表示："执行规划办公室的项目经理主要负责华盛顿特区和纽约市的展览。我们还监督大型租借、补助金、导视系统和音视频项目。在涉及大量资源，或者如果项目有好几个利益相关者并且需要组织和审查高级管理层的决策时，我们需要指派一位项目经理。"项目经理在项目管理理论方面没有接受过正式的培训，但他在博物馆专业领域中富有经验。史密森学会项目经理网对于这些员工来说是一个很好的分享最佳实践的资源。

项目是在事后分析中进行评估的。正如斯特布勒所说："在这些方面，我们讨论经验教训、财务成功、市场营销和付出/收益矩阵。当我们以某种方式在现行项目中获得的经验教训具有适用性的时候，这正是我期待我们做出改进之处。数据库很棘手，因为它们可能无法实时帮助项目经理，或者需要非常具体地将经验教训与问题搜索对应起来。随着未来几年我们更多的高级管理层的不断进步，我们必须努力获取一些机构记忆，并形成一种切实可行的方法做稍后参考。"

斯特布勒指出，尽管存在审核与批准流程，但灵活性对于流程来说是重要的。"由于各种因素，项目的过程在任何特定时间都可能发生变化。这是每位项目经理拥有技术和才智的重要性所在。关系的建立，更大的团队实力，以及成为共同利益问题的解决者的能力，都在这里发挥作用。"她接着指出，许多人在项目的成功中起到作用，包括办公室主任和高级管理人员。需要调整资源以迎接挑战的情况并不罕见。[7]

和美洲印第安人国家博物馆的做法一样，最佳做法包括中央办公室或个人在拥有多个项目的博物馆中负责项目监督。此角色通常对于确保项目在预算、空间或人员方面不相互竞争至关重要。尽管有政策和高级管理层的监督，项目在规划和实施过程中可能会出现一系列问题。下面概述了比较关键的问题。

标准化成本。制定现实的预算需要密切关注成本估算过程。在非常大的项目中，例如在扩建项目中，博物馆可以聘请成本估算人员来配合他们的计划，以确保他们有一个可靠的估计。然而，在大多数情况下，项目经理需要依靠以前的成本进行类似的活动（如平面设计或展览案例施工）。维护成本历史记录数据库是无价的。在制定用于决策的稻草预算的可行性阶段，这一点尤其重要。通常，和其他博物馆进行成本比较是一个很好的信息来源。与财务人员合作是很重要的，特别是当博物馆需要将间接成本纳入捐款条款的时候。理事会成员可能会询问每平方英尺的展览费用或移动每件藏品的费用。这些数字可能差别很大，所以在共享这些数字的时候应该保持谨慎，而不是解释它们只是估计值。

生命周期成本。预算和规划是一个相对较新的领域，生命周期成本核算考虑到一些展览或其他项目可能是长期的，需要更新和日常维护。使用预算模板可在展览开始时提供长期成本。例如，日常维护、展品轮换、定期更新和其他成本将确保展览对于公众来说常开常新。建筑系统也需要长期的维护和升级。新建筑基础设施系统的调试可确保投资是按照设施周期来计算的。

现金流。将流入资金和支出联系起来的话需要仔细研究现金流。预测主要里程碑和承诺过的付款日期的流动可以避免将来出现问题。收入应始终足够支付债务。如果存在缺口,博物馆需要从其他来源转拨资金或以过渡贷款的形式借款。了解现金流的需求对于捐赠谈判和建立认捐支付系统至关重要。

平衡规划。许多博物馆会进行好几个项目,无论是长期或是短期的。博物馆应该维护所有已批准项目的总进度,以确保组织不会过度投入。高级管理层是博物馆工作能力的指示器。有时候,项目定义不当以及由于成本超支,需要重新设计或缩减项目。博物馆要警惕项目落后或员工过度投入和压力过大的情况。指派一名高级工作人员监督所有项目具有重大价值,这样可以进行调整以避免危机。

个人职责制。员工在赶最后期限和理解团队环境中工作的期望方面通常存在困难。制定绩效标准,设立定期会议时间表和提升项目经理的权利能缓解这一问题。工作人员往往没有项目管理系统方面的培训,这是博物馆领导层应该提供的内容。建立一个向员工介绍项目职责制基本知识的程序会起作用。第七章和第八章将更加详细地讨论团队建设、内部沟通、处理冲突和建立博物馆范围内对项目的支持等要素。

意外障碍。尽管有出色的规划和项目实施的信心,但总是会遇到挫折。环境灾难、核心员工流失、公众批评或其他计划外的事件并不少见。想一想联邦政府对史密森学会旗下博物馆或国家公园管理局关闭或冻结招聘大量关键项目所带来的影响。外部利益相关者,如社区成员、媒体或政府机构可能对博物馆的项目感兴趣。2001年,一位史密森学会的新秘书为美国历史博物馆

(Museum of American History）寻求一份巨额捐款，这导致员工被派遣去处理捐赠者的担忧。这一过程持续了数月。这种干扰严重地挫伤了员工的士气，并延误了其他优先项目的工作。令人欣慰的是，您所在的博物馆可能会收到应急资金，用于项目实施的关键部分。例如，公司赞助商可能会为网站或针对服务不足受众的项目提供主要捐赠。这些可能不在原来的预算范围内。假设没有附加任何条件，博物馆需要将这些活动添加到时间表中，并重新调配工作人员来监督项目新部分的开发。这就是敏捷项目团队可以大放异彩的地方。第七章将更详细地审视小组的工作。

讨论问题

1. 您所在的博物馆有正式的项目管理计划吗？项目任务书、里程碑审查和资源调配已经到位了吗？
2. 哪种项目管理软件最适合小型博物馆？
3. 如果项目延长一个或多个财政年，您如何将项目预算和年度运营联系起来呢？

注释

1　Kathleen Fleming, "Exhibit Research Project: Trends in Exhibition Process and Planning," an unpublished benchmarking study conducted for the Office of the Deputy Director, National Museum of American History, June 1997.

2 Critical Path Analysis and PERT Charts, accessed at Mindtools.com, October 15, 2016, https://www.mindtools.com/critpath.html.

3 Martha Morris, "Developing an Exhibition Budget Template," in *Manual of Museum Exhibitions*, edited by Gail Lord and Barry Lord (Lanham, MD: AltaMira Press, 2002), 317.

4 Marina Koren, "The Smithsonian Raises $700000 on Kickstarter to Save Neil Armstrong's Spacesuit," *The Atlantic*, August 18, 2015, accessed October 30, 2016, http://www.theatlantic.com/technology/archive/2015/08/smithsonian-neil-armstrong-spacesuit-museum/401663/.

5 Mindtools.com, "Agile Project Management: Organizing Flexible Projects," accessed October 16, 2016, https://www.mindtools.com/pages/article/agile-project-management.htm. 2008年博物馆与网站论坛的档案描述了一个使用敏捷方法的案例。文章重点介绍了一个由博物馆专业人员组成的团队在为名为steve.com的社交标签创建团建系统中的工作。团队按小块进行他们的工作,并根据用户的反馈进行用户测试和开发周期。见 D. Ellis, M. Jenkins, W. Lee, and R. Stein, "Agile Methods for Project Management," accessed January 7, 2017, http://www.museumsandtheweb.com/biblio/agile_methods_project_management.html。

6 Ron Chew, "Toward a More Agile Model of Exhibition-Making," *Museum News*, November/December 2000,

47-48.

7 *Project Management Guidelines*, 2000, National Museum of the American Indian, unpublished manuscript, shared with author during benchmarking surveys of museum approaches to project management 2000; and author email exchange with Christa Stabler, January 25, 2017.

第七章 创建项目团队

为什么要创建项目团队?

项目团队是项目成功的核心。商谈可行性研究和决策过程，制定项目任务书以及制定计划和预算都依靠致力于协同工作的个体。出于很多原因，团队是必要的，并且已被证明在博物馆项目的实施中发挥了重要作用。在我和其他人的研究中，很明显团队方法在规划和实施博物馆展览和项目方面很普遍。事实上，正如第二章讨论的那样，许多经过全局战略规划和重组的博物馆采用了基于团队的方法来进行一般运营和特殊项目，包括战略规划本身的过程。团队的价值在于更多的授权、更好的沟通并有希望做更快的决策。成功的团队制定运营的基本规则，共享明确的目标或使命，并呈现各种技能。此外，跨职能团队的价值在于相互理解和团队学习，减少阻碍内部沟通的孤岛效应。[1]

密苏里大学（The University of Missouri）博物馆学系对各种博物馆进行了全面的调查，以回答有关团队的问题。调查结果表明，团队方法对于展览开发来说很常见，大多数团队由5位或更多来自不同职能办公室的人组成，领导者由策展人和科学家等高级工作人员组成。预算超过500万美元的博物馆配有一位专门的项目经理。调查发现，决策是基于共识做出的，冲突往往是由团队角色和权限不明确造成的。[2]

博物馆团队的价值在于它们可以帮助员工开展更有创造性的工作，可以教会员工项目开发和决策的过程，并允许关键的利益相关者参与项目设计的初期阶段。一个很好的例子是一个致力于藏品搬迁的团队，其中每位成员都需要确保成功，并且每位成员都需要与另一位成员合作：

- 与保护者合作，审查藏品的物理需求
- 与登录员合作，验证法律状态和藏品描述
- 与策展人合作，确认在哪些地方需要（存储、展览、租借）哪些藏品
- 与艺术处理人员和运输专家合作，打包和运输藏品

了解团队的性质往往是困难的。某些团队是针对特定项目而组建的，例如专门小组为新的藏品区域提出建议；还有一些团队是长期的，例如审查和批准展览创意的常设委员会。在某些情况下，同一人被任命或当选为团队领导，而在有的团队中领导是轮换的。在某些情况下，团队是自我管理的，没有明确的领导。后一种团队的成员在没有自上而下的指导，以共识驱动模式的情况下工作，具有出色的沟通水平。无论哪种模式，成功的团队都有以下这些特征：

- 强烈的互相**问责**意识并尊重彼此
- 清晰的**角色和职责**

- 所有人共享项目的**成功**
- **集体工作的成果**
- **共享的领导力**

这些团队是通过高级管理层的指示形成的,以实现一个特定的目标,但这一点会由团队重申,并阐明和转化为具体的目标、任务和共同的方法。因此,共同努力可以提高沟通、创造力和效率。有效率的团队也具有鲜明的特征,包括:

- 它们是**小型**的(10人以下)
- 它们有**综合的技能**和学习风格
- 它们接受过解决问题和制定决策方面的培训
- 它们是开放、冒险和互相支持的
- 它们得到鼓励、积极的反馈和认可
- 它们庆祝微小的胜利
- 它们经常在一个空间中工作

上述特征反映了卡岑巴赫(Katzenbach)和史密斯(Smith)的研究,他们研究了企业和非营利机构中高绩效的团队。[3] 它们发现,最成功的团队是由明确的成果和预期结果驱动的。这些团队不依赖于领导来作为核心催化剂,而依赖于整个团队和它的运营伦理。这仅适用于团队流程中的严谨方法。成员之间分享真诚的相互关心和尊重。研究还指出了将团队绩效与个人学习相结合的重要性。团队成员了解他们自己、他们的同事,并获得新的技能。当我们检视成功的博物馆团队案例研究时,我们会探讨这些因素。他们有没有用高效的方法运作？博物馆首先面临的挑战之一就是找到从自己的员工中建立团队所需的技能，并确保他们接受过协作和解决问题方面的训练。

组织团队的选项

团队组织根据项目的规模和复杂程度或博物馆本身的工作文化而有所不同。一些从事项目运营的小组成员以更独立的方式运作，他们完成自己的工作部分并移交给下一个人。在有少数项目的小型机构中可能就是这种情况。这种方法的另一端是专门的项目团队，其中所有成员都专门从事该项目来按时完成高度专业的工作。开发一个重要的巡回展览可以使用这种方法。策展人、设计师、教育工作者和收藏员工被分配到高优先级的全职工作。大多数博物馆项目都属于"矩阵"模式，其中工作人员被分配兼职与项目经理一起工作（见第三章）。

矩阵是一种实用的方法，虽然它带来了模糊性，并且往往给工作人员带来很大的压力。双重报告关系（对项目经理和职能主管）可能导致误解和冲突。在这种方法中，博物馆管理应该适应于调整项目员工时间分配、预测冲突、增加更多资源或调整项目时间表的需要。此外，项目经理和职能经理应密切合作，为指定的团队成员提供明确的绩效期望。除了时间管理问题，还有功能和项目之间可能存在的紧张关系。比起明显愿意并且有能力在动荡不安和变化的环境中保持灵活的博物馆，一个更加依赖于决策层次结构的官僚组织不太可能在矩阵方法中生存。由于可能需要重新分配员工，因此基于矩阵的团队也将面临潜在的更替。每次增加新的参与者到项目中时，项目都处于在新成员的影响下脱轨或重新定义的风险中。糟糕的信息系统和传播流也加剧了项目结构的低效率。在我们快节奏的环境中，发生误解和乱码的情况并不少见。参与信息共享的人越多，误解或遗漏的风险就越大。因此，研究不同类型的项目团队结构是有价值的。J. 戴维森·弗雷姆（J. Davidson Frame）是机构项目管理的专家，他根据项目的复杂性和规模概述了许多可能有用的结构。

外科团队雇佣一名核心技术领导和多位特别助理。助理是专职人员，但他们的工作由"外科医生"决定。技术主管需要具备高度的知识和技能，以确保达到项目目标的最高质量。这方面的一个例子是受过专业训练的保护人员在技术人员的协助下开展高价值的工作，技术人员帮助他准备修复材料，拍摄藏品或管理项目的其他文件。

同构团队中项目的每个部分都有相应的团队负责成员。例如，编制资助申请可能涉及将工作分为研究、项目目标、预算和评估的团队。每个部分都是独立的、以一定的速度完成的。缺乏团队整合的话这种模式是无用的。因此，项目经理要协调最终文件。这种方法和无自我的团队完全相反。这里没有明显的领导并且通过共识达成决定。通常，这是一个小型的创意团队，可能只有三到四名成员。没有指定的领导者，团队成员的工作平等，但必须花费相当长的时间进行沟通。人员流动对于这种团队来说不是好事。一个例子是致力于展览概念规划早期阶段的小型团队。在博物馆，特别是在展览开发阶段使用的更为普遍的方法是专业团队结构。按这种方法，具有专业知识的人员在项目的各个部分工作，例如设计、教育或脚本撰写。这些人独立工作，但团队成

员往往会影响他们的工作。决策通常可以由不同的团队成员做出，具体取决于他们在时间表中的位置。⁴

团队**方法**的使用持续对许多现代组织机构产生了价值。近几年，人们越来越重视自我管理（或"无自我"）的团队环境，这被称为"合弄制"（holocracy）。这是促进创新、灵活性和生产力的流行结构。被称为"圈子"的结构试图消除传统的等级制度。工作人员根据需要移入和移出圈子以完成工作。团队通过正式而详尽的互相问责书面承诺来设计他们的工作和自我管理。决定是以共识来完成的。员工可能在这些圈子里担任不止一个角色，强调多技能的劳动力。这些类型的团队根据组织的需要形成、解散和重新定义个人角色。⁵事实上，一些组织正在招聘长期雇用人员，以创建由顾问组成的"按需团队"，即由顾问、自由职业者和专家组成，通常来自于千禧一代和婴儿潮一代的劳动力。这种方法的价值在于团队吸收了熟练的专家而不是没有接受过专业工作培训的现有员工。这使得组织机构能够在竞争激烈的世界中快速行动，理想状况下还可以节省现行的员工管理费用。正如第三章所讨论的那样，当代劳动力正在发生变化，最近的调查显示个人可能更喜欢"按需型"的工作而不是长期就业。⁶这对博物馆有用吗？只有初创企业或博物馆才有可能进行高水平的创新。事实上，对自我管理团队的主要批评在于它缺乏一位强大的拥有协作、细节开发、宣导以及冲突解决技能的项目经理。在应用新的项目工作模式时，谷歌（Google）发现聘用能够有效开发和激励团队并共享有效信息的领导者在高度独立的工程师文化中非常重要。所有这些"软性"技能对于修改他们的工作结构至关重要。员工反馈调查强化了这一点。⁷

有时候，关于项目目标的最佳决策是在非正式环境中完成的。午餐会是20世纪90年代美国历史博物馆自我管理型团队最喜欢的地方。受到对于工人和管理者历史的共同兴趣，这个自我选择的员工小组通过非正式的会面来发展构想。午餐会讨论促使他们围绕展览、收藏和项目开发创建项目。这种自我管理型团队逐渐创造了管理层能够提供资源的可行想法。团队没有指定的领导者，但需要大量的沟通。团队的角色取决于手头的产品（收藏、展览研究、写作）。鉴于他们的工作主题，这个开放的过程和共享的权力是最合适的。

成立博物馆团队

对于重大的博物馆项目，例如翻新、新建建筑或机构战略规划，团队流程可能很复杂。首先，博物馆需要在例如展览项目、财务和资金支持等方面组建一个由执行馆长、理事会成员和其他资深员工组成的高级指导委员会。这个团队制定政策，监督项目开发，并为外部利益相关者提供接触面。如此多的投入需要一位总体项目经理来监督例如建筑承包商、顾问和现有员工等所有主要参与者的工作。博物馆将创建其他工作小组或团队来开发新建筑所需的特殊功能，例如藏品储存、观众体验/展览、设备操作以及开发和市场营销。小型项目可能永远不需要这种级别的组织。事实上，博物馆可以选择任命最知识渊博的员工来管理这个项目。如果这是一项展览，策展人可以被选为团队负责人，而其他员工、志愿者或承包商则会被邀请加入协助行列。在理想的场景中，包括策展人、设计师、教育者和其他人在内的专家团队从一开始就一起工作来设定主题、设计与核心公众项目。对于博物馆里的任何项目——无论大型或小型的——应指定一个人来支持项目和团队。

确定项目所需要的技能是第一步。随着团队的成立，留住熟练员工可能会有帮助。对于重大项目，长期员工、承包商、志愿者和新员工的组合并不罕见。一些现存员工可能被分配到一个项目中并接受专门的培训，而不是外包职责。在人员有限的博物馆里，交叉培训的项目能提供可供部署的各类技能，这与上述的合弄制方法不同。典型的展览团队成员包括策展人、登录员、教育者、设计师、出版物专家和社区倡导者。对于馆藏数字化项目，博物馆将需要策展人、登录员、摄影师和技术人员来设计数据库并管理快速捕捉摄影系统。除了这种组合的技能之外，高绩效团队还应该考虑各种学习方法。学习风格指的是个人在沟通和人际关系方面的各种偏好。这些将在第八章中详细讨论。

团队进程的阻力

组建团队过程中的一个意外反应是阻力。卡岑巴赫和史密斯认为这是他们研究中的一个问题。这源于个人对社会成就的关注。阻力有很多原因，包括个人和其他人接触时的不适，对自我价值感的威胁，或者认为团队合作会影响他们的状态和绩效评级。[8]可能出现的抱怨类型包括团队在会议上浪费时间，独立工作更有效率，团队共识会降低最终项目的质量，团队成员不尊重彼此的想法，以及团队花太多时间在流程而不是产品上的事实。尽管有这些态度，大多数博物馆发现团队合作可以帮助员工了解项目决策的原因和方法，以及了解更加宏观的博物馆运营情况，正如第四章所述的森奇"学习型组织"概念那样。

团队绩效取决于强大的早期阶段。项目启动或介绍会至关重要。趁此机会可以做到以下几点：

- 介绍项目任务书和角色
- 澄清项目范围和期望
- 制定会议日程

除了这次初次会面之外，团队还需要通过非正式会议、午餐会或务虚会建立信任关系。团队需要为运营和决策建立基本规则，并检验他们对于最终目标和项目计划中关键里程碑的理解。还需要审查和更新预算与其他资源。团队成员需要有书面的绩效目标，这可以反映他们的个人职责。职能经理的角色可能也需要概述一下。例如，搬运团队的藏品经理可能需要获得其主管的批准，来更正博物馆藏品管理政策的任何偏差。

正如第六章所讨论的，博物馆经常使用不同的核心和扩展团队（见图7.1）。核心团队花费大量时间在项目（对于展览，它将是策展内容、藏品管理、展览设计和教育项目）上，而扩展团队由功能性员工组成，例如开发、财务或人力资源等人员，他们根据需要进入或离开团队。对于大多数项目，团队成员的职责反映了其职能部门和预期技能。例如，开发技术应用程序所需的技能包括拥有脚本和故事线、教育成果、藏品数据和潜在的观众目标。一项资本运动需要前景研究员、社交媒体专家、平面设计师和筹款人。

对于某些团队来说，可以有多个领导角色，包括项目总监和项目经理。项目总监或赞助商是项目愿景的守护者，拥有外部各

图 7.1　核心和扩展团队
由作者提供

方倡导者，并作出关键决策。项目经理则可能负责进度表、团队任务、预算、资源分配以及团队培训或咨询。根据博物馆的类型，可能会有一个主要的展览开发者或观众倡导者或评估者。前者负责内容，后者有助于向观众测试和解释概念设计和脚本的成功。[9]在一些博物馆中，外部顾问被邀请加入团队，例如，博物馆可以寻求外部社区策展人的观点和指导。

一种有用的描述角色和职责的方法是制定职责表（Responsibility Chart）。表格可以更详细地体现谁拥有最终职权以及关系是如何相互作用的（见表 7.1）。

表 7.1　职责表

	脚本	租贷	预算
项目经理	C	C	R
策展人	R	A	C
登录员	C	R	C
馆长	A	I	A

R＝负责 A＝批准 C＝咨询 I＝知会

在此图表中，功能或职责是以一种明确谁为项目中的每个活动做什么的方式来标记的。显然，这些角色可能因博物馆而异，本例中没有假设任何标准。使用图表是一种有助于避免项目不同参与者之间产生混淆的工具。这里没有显示职能经理的角色，例如助理馆长或其他办公室负责人，他们虽然不是团队的一部分，但为项目贡献了自己的员工。当然，有些活动需要得到高级管理人员的批准，这些活动也应该在项目任务书中加以概述。职能经理的职责是确保专业的标准和政策，对于项目团队，它将提供更高层次的监督和宣传。一项关于这类型图表该如何使用的示例见附录 D 中的问责制表。

团队中的承包商

征集外部顾问作为承包商向项目提供服务需要一个正式流程。博物馆会制定涵盖这个流程的规则和政策，但在征集中要非常清楚地描述工作的性质、承包商的资质、时间范围和成本参数。承包商拥有可以显著提高项目质量的专业技能。在许多博物馆的环境中，现有的员工必须管理承包商。比如，登录员负责协调包装和运送承包商的工作，或者设计经理是展览设计公司的联络人。事实上，承包商可能是个人或公司。除了承包商要独立运营且不能被视为员工的法律要求外，还存在承包商和团队整合的问题。承包商是团队的短期成员，他们可能对博物馆使命和运营价值知之甚少，也可能对项目团队没有忠诚感。有时，他们是备受追捧的专家，拥有很高的声誉，可能会迫使博物馆员工接受他们的想法，而不是为团队的努力做出贡献。选择承包商的过程通常是漫长和官僚主义的，因为匹配博物馆的需求与外部公司的技能和经验需要非常详细的谈判。一项对史密森学会关于交通运输的大型展览"迁移中的美国"（America on the Move）的案例研究指出了雇佣外部设计和建筑服务公司的现实，他们可以进行更有创意的规划工作，而现有员工最终与他们建立了管理关系。事实上，很多年来为节省资金而削减员工职位的博物馆现在或许不得不签订曾经只与长期员工签订的服务合同，例如展览制作或维护人员。据项目总监史蒂文·卢巴（Steven Lubar）所说："一座雇佣了很多承包商来完成其工作的博物馆与一个内部管理工作的博物馆有不同的管理挑战。它需要更多的合同管理者——但合同管理者需要具备理解、监督和评估技术工作的技能。"在案例中，设计、生产和教育都被外包出去，超过 24 家企业（部分分包商）承担了工作。[10] 为了使博物馆能够成功与承包商合作，项目的需求必须清晰和明确，并且承包商的资质需要仔细检查来确保它们有经验以及能够满足你们的预期。项目的这一阶段需要大量时间和仔细的评估。

项目经理或团队领导者的角色

项目经理的角色可以决定团队成功与否。已经有很多关于这个职位的特性的著作了，这个职位部分是管理者，部分是领导者。这不仅仅是团队中的监督或协调职位，而是将所分配的资源汇集在一起，在时间和预算范围内以及所有参与者的庆祝感中生产想要的产品。如前所述，并非每个博物馆都有专门的项目经理。通常，工作会分配给对工作最了解的职能员工。那个人仍然需要在同行和其他人之间发挥协调作用。所以无论抬头是什么，技能往往是一样的。在诸如扩建或翻新等非常重大的项目中，雇佣外部专家来运营项目并不罕见。这个决定的缺点可能是他们对博物馆业务缺乏了解，甚至缺乏对博物馆使命和价值观的奉献精神。为大型和复杂计划选择项目经理需要考虑很多。例如，博物馆可以任命一名高级员工来监督翻新或新建筑的开发和施工。或许他们会选择一位经验丰富的顾问加入博物馆，帮助他们完成整个项目。当博物馆缺少有建筑工作经验的人员或有许多其他优先事项时，可以聘请外部企业作为业主代表。在任何一种情况下，个人对博物馆文化和目标的理解的信任程度至关重要。[11]

项目经理通常是项目倡导者，负责团队流程以及对付众多有不同工作方式和期望的利益相关者。[12]团队动力可能是一个持续的挑战，而且是项目管理需要技巧的一个方面。项目经理最重要的职能之一就是组建团队。这需要与团队成员和职能经理建立良好的工作关系。如本章前文所述，在矩阵环境中，项目经理与职能部门负责人就其员工的时间进行协商。这个角色没有职权，因此沟通和影响的技能是至关重要的。

项目经理有两个主要职责：管理和领导。显然，管理角色包括确保员工和合同支持、组建团队、安排日程、做预算、里程碑审查、会议管理、报告进度和处理投资本项目的许多个体的信息流。项目经理必须了解业务、理解任务和成本，并注意运营政策和程序。他们可能需要雇佣新员工并协商合同。监测进展包括频繁的里程碑审查和向高级管理层和博物馆理事会的正式报告。他们是企业对项目的存储器并管理所有的文档。他们的领导职能更加复杂，包括组建一个高绩效团队、提供培训和积极的反馈、监测团队健康、倾听利益相关者的声音、在组织机构的各个层面保持开放式的沟通，以及解决冲突和解决问题。显然，这些都是困难的任务，并不是每个人都能够满足这些期望的。

这个角色充满了挑战。缺乏确定的需求可能导致成本超支或返工。糟糕的计划和控制以及无法影响团队或更高级别的管理可能会使项目脱轨。项目经理通常会同时处理两或三个主要项目或运行项目以及正在进行的功能性工作。因此，精明的项目经理需要训练有素地、快速地预测问题，并深入检查团队成员的隐藏安排。灵活和延误风险是两种可能相反的特征。据 J. 戴维森·弗雷姆（J. Davidson Frame）所说，事情会出错，如果没有正式的职权，项目经理需要知道如何通过他们的个人魅力来运作系统。通过检查团队进行一对一会议和非正式审查是一种建立信任的方法。现实情况是，团队是一个临时实体，项目经理的权限有限。通常，该项目会指派一名高级管理支持者（例如分管项目的副会长），他们将努力确保项目经理在需要时获得更高级别的支持。但是，项目经理的力量源于他们通过建立信任形成的影响团队的能力，帮助他们解决时间管理或技术问题，并提供积极的反馈和认可。除了对博物馆价值观和生产标准的深入理解，对个人关怀的高度成熟和敏感也非常重要。

弗雷姆已经将项目管理指定为"意外职业"，因为很多时候人们在没有任何正式培训的情况下就完成了这项工作。因此，他们在工作中学习，并且随着时间的推移可能会变得非常熟练。充当员工和管理层之间的沟通渠道也是一项独特的技能。他们对组织机构及其弱点和优势有很多了解，同时他们对许多功能也有独特的看法。他们学到的经验教训会通过非正式的方式传授给组织中的其他人。[13] 在和博物馆项目经理的对话中，我了解到他们的任务所面临的挑战是需要始终关注细节，包括合同谈判、预算和时间表调整、团队会议、向高级管理层游说资源，并在团队内部解决冲突。他们常常必须与职能办公室管理者一对一地解决问题。其中许多人属于弗雷姆所说的"意外的"管理者类别。他们受雇来对传统职能办公室负责。他们作为高效的个人得到了领导的机会，但是当然，他们也在工作中学到了东西。在一座大型博物馆中工作会带来强烈的孤岛心态。实际上，项目常常是在一个职能办公室内组织的，偶尔与其他博物馆单位互动。例如，一个与博物馆使命和特别展览项目相关的公共项目活动计划可以由活动经理来开发，他负责场地选择、演讲、时间表、合同和登录，同时依靠其他办公室来提供市场营销和预算支持。另一种方法涉及技术人员为小型博物馆开发新网站的工作。团队领导力包括举办一系列研讨会来设计网站，并包括来自多个职能办公室，包括策展人的意见。设计网站涉及新的编写方式和以用户为中心的设计方案。这些方法对于传统策展人来说可能是陌生的，因此它比传统的展览涉及更多的外交和团队学习。

项目经理在藏品管理领域的作用至关重要。一个有趣的例子是J. 保罗·盖蒂博物馆（J. Paul Getty Museum）。作为收藏部门的高级项目经理，杰西卡·帕尔米耶里（Jessica Palmieri）在规划和管理重要计划方面发挥着关键作用。她的部门负责包括了所有策展人、藏品保管人员和登录员的藏品项目。帕尔米耶里支持博物馆艺术收藏品及其开发的基本功能，确保租贷得到机构监督，并协调整个博物馆的政策更新和项目。J. 保罗·盖蒂基金（这是博物馆中的一部分）已经和整个机构中分配了这个角色的专业员工一起建立了一个正式的项目管理工作团队。像许多大型博物馆一样，这个角色是"管理涉及部门或跨职能团队的项目的开发和实施。项目经理计划和安排活动并监督工作，以确保项目在一定时间和预算范围内完成"。作为一名高级项目经理，帕尔米耶里经常负责"不能完全落入任何其他部门和/或需要一位具有更广泛制度权限、可以看到各个成员如何为了完成各种目标做出贡献的人员，同时尽心尽责地保持多个议程向前发展"的任务。她的工作包括为工作制定适当的政策和文件，并且她的监督确保了高度的问责制。她所领导的特别项目包括制定一项长期计划，以维保由艺术家罗伯特·欧文（Robert Irwin）设计的中央花园。这包括了协调来自几个部门和外部顾问以及艺术家本人的团队。跨职能项目的另一个例子是应急准备计划和相关的博物馆范围培训。在她的职位上，她起到了"推动项目前进的作用"并且主动改善了部门的运作。她指出，"收藏领域的大部分项目管理似乎可以归结为常识、足智多谋和人员能力，以及完成工作的动力"。[14]

成功领导所有类型的项目需要特殊技能。最重要的是，在与博物馆员工的对话中，我听到了关于人的技能以及问题解决与分析信息来提出合理建议的能力的描述。除了这些个人技能外，还有最佳实践中的培训选项。项目管理协会在全球范围内开展基础知识培训以及更复杂的系统培训。为满足提高管理技能的需求，美国州与地方历史协会在其继续教育项目中提供了一个项目管理工作坊系列。该计划设计自由美国博物馆与图书馆服务协会资助的试点，同时提供了面对面研讨会和在线培训。超过400名博物馆员工在2009年到2015年之间接受了培训。[15]成功的项目经理会发现他们有独特的技能，可以让他们成为重要的员工。那些已经完成项目管理协会提供的认证训练的人可以将他们的才能转化到一系列项目中。斯蒂芬妮·夏皮罗是一名已完成了项目管理正式培训的博物馆专业人员。首次获得 PMI 项目管理认证协会（Certified Associate in Project Management，CAPM®）的认证后，有助于为获得 PMI 项目管理专业人员（Project Management Professional，PMP®）的认证奠定基础。PMP® 与所有行业相关，为项目经理提供了一套可以共同使用的术语和基础，使咨询等行业的学习曲线不那么陡。在她的博物馆工作中，夏皮罗指出，"在推进服务的工作中，PMP® 提供了应用于每项独特项目的工具、资源和流程的基础。从启动到关闭项目，PMP® 的基础设施保证了起点。在这里，拥有共同术语和基础让我成功地执行了不同类型的项目，从而改进了业务流程（如旅游系统），更换了管理层，生效了数据库，启动了新的网站等等"。

夏皮罗是弗吉尼亚州艾灵顿鹰山咨询公司（Eagle Hill Consulting）的管理顾问。她之前在史密森学会促进办公室工作，是美国博物馆联盟的 PIC-Green 委员会的联合主席。[16]

讨论问题

1. 您所在的博物馆是否使用项目团队来研发展览？如果是的话，您有形成团队的书面政策和流程吗？

2. 鉴于本章概述的项目组织结构的类型，对于拥有积极的、不断变化的展览计划的小型博物馆，最有效的方法是什么？

3. 作为项目经理或团队负责人，如何处理对团队方案的抵制问题?

注释

1 Martha Morris, "Recent Trends in Exhibition Development," in *Exhibitionist* 21, no. 1(2002): 8-12.

2 团队法分析详见 Jay Rounds and Nancy McIlvaney, "Who's Using the Team Process? How's It Going?" *Exhibitionist*, National Association of Museum Exhibitions, 19, no. 1(2000): 3-18。

3 Jon R. Katzenbach and Douglas K. Smith, *The Wisdom of Teams*(New York: HarperCollins, 2003).

4 J. Davidson Frame, *Managing Projects in Organizations* (San Francisco: Jossey-Bass, 2003), 88-95.

5 Ethan Bernstein, John Bunch, Niko Canner, and Michael Lee, "Beyond the Holacracy Hype," in *Harvard Business Review* 94, no. 7/8(2016): 39-49.

6 Marty Zwilling, "Build On-Demand Teams Instead of Hiring Employees," *Huffington Post*, accessed October 29, 2016, http://www.huffingtonpost.com/marty-zwilling/build-on-demand-teams-ins_b_12651756.html.

7 David A. Garvin, "How Google Sold Its Engineers on Management," *Harvard Business Review*, no. 91, December 2013.

8 Katzenbach and Smith, *The Wisdom of Teams*, 20-24.

9 Jennifer Bine,"A Project Manager Is…" *Exhibitionist*, National Association of Museum Exhibitions 25, no. 1 (2006): 71–82.

10 Steven Lubar,"The Making of America on the Move," *Curator* 47, no. 1(January 2004): 40.

11 Walter Crimm, Martha Morris, and L. Carole Wharton, *Planning Successful Museum Building Projects* (Lanham, MD: AltaMira Press, 2009), 43.

12 Polly McKenna-Cress and Janet Kamien, *Creating Exhibitions* (New York: John Wiley and Sons, 2013), 194.

13 Frame, *Managing Projects in Organizations*, 69–70.

14 2017年1—2月,作者采访了杰西卡·帕尔米耶里。

15 2016年10月26日,作者与美国州与地方历史协会高级项目经理库克(Cherie Cook)进行对话。

16 作者于2017年1月23日与斯蒂芬妮·夏皮罗互通了邮件。

第八章　成功的团队动力

　　第七章介绍了团队建设，包括团队的最佳结构和关键技能。明确角色定义，结合外部专业知识，提供项目领导力，从而获得成功的团队经验。然而，我们知道很多因素会影响团队顺畅地实现目标的能力。

　　第七章描述的高绩效团队数量很少，但拥有各种技能，紧密合作，并展示共同的责任。除了这些元素之外，成功的团队还必须具备多种学习方式，卓越的沟通技巧以及应对变化的灵活性。成熟的团队会开发并采用一种解决问题和冲突的方法。成功的团队虽然会遇到问题、变化和内部纷争，但能够克服这些挑战。本章将研究团队建设和个人风格的重要性，制定团队运作规范，开发协作决策工具，解决冲突，并研究项目经理作为团队成功倡导者的角色。

　　团队功能障碍并不少见。宾夕法尼亚大学沃顿商学院（Wharton School of Business）的研究表明，当团队变得孤立且效率低下时，团队的"黑暗面"就会出现。团队成员对于自己的想法和价值观变得根深蒂固，在做出共识驱动的决策后，新观点的接受可能会遇到阻力。不愿意接受外部信息可能具有破坏性，因为他们可能轻易地拒绝了好的想法。这背后的原因揭示了团队希望保护他们的凝聚力并验证他们的想法是正确的。[1]

团队中出现的其他问题涉及实践共同体的影响。[2]每个团队成员代表博物馆的专业功能,这些功能可能会发生冲突。例如,教育者和策展人之间在脚本开发方面的冲突会发生在展览的学术性和与观众的有效沟通上。其他冲突发生在藏品保护、展览设计与物品展示方法上。对团队成员所属实践共同体的标准和最佳实践的忠诚展现出协作中的障碍。例如,一项关于这个主题的研究揭示了教育人员和聘用为展览规划项目顾问的策展学者之间的分歧。冲突表现在从两方面理解展览内容:其中一方作为个人,他们力图用他们的内容和设计方案说服团队;另一方作为其博物馆功能的倡导者。教育者被认为在"减少"展览信息的同时,却有着采用最新展览设计趋势的愿望;而策展人认为,学术研究应该推动内容。共享知识的缺乏和对该领域最佳实践的争议加剧了这种情况。[3]这些顾虑突出了一些团队面临的常见问题。我们需要研究一个团队本身如何成为一个有凝聚力和互相关联的整体。

团队形成与学习风格

团队根据项目任务书汇集在一起,项目任务书列出了与最终产品相关的期望、角色和假设。团队开始工作。现在要做什么呢?通常团队发展分为四个阶段:

- 形成
- 头脑风暴
- 规范
- 执行

这些阶段反映了心理学家布鲁斯·塔克曼（Bruce Tuckman）在1965年描述的高绩效团队的创造过程。[4]在早期阶段（形成），团队成员是礼貌、积极的，甚至对新项目感到兴奋。然而，当团队在奋力一起工作（头脑风暴）的时候，他们将很快遇到工作方式的冲突、压力和倒退。最终，在项目经理或其他协调人的指导下，团队将开始建立信任和可接受的沟通体系，并对按照定义的角色和商定的目标工作感到舒适（规范）。然后，这将塑造为了最终目标协同工作的能力（执行）。例如，可能对博物馆团队起作用的过程是以下活动。开始是一段关于角色期望的对话，检验团队成员的经验和技能，仔细倾听团队成员，开始与同事谈论作为一个富有效率的整体的团队，及时反思你的决定以及庆祝已实现的里程碑。[5]虽然意识到这个团队形成的进程很重要，但这四个阶段的时间是不可预测的。如果项目发生重大变化，尤其是团队增加新成员，团队生命周期可能会受到影响。

学习风格评估

随着每个新团队进入上述阶段，了解个人学习风格所带来的影响将显著增加流程的成功。有许多工具可用于确定个性偏好和风格。该价值确定了一个人在团队环境中的运作方式。例如，一些人喜欢单独地、快节奏地工作，而其他人可能偏好在确定行动和完成任务之前研究各种选项。这些风格评估不意味以任何负面方式对个人进行分类。它们充其量只能洞察团队的多样性、个人在开发项目中的预期反应，以及可确保项目顺利进行的最佳沟通模式。遗憾的是，很少有博物馆团队在"形成"阶段花时间做这个评估。组织发展专家已经开发出许多评估风格的工具。特别是

20世纪60年代开发的迈尔斯-布里格斯类型指标（Myers-Briggs Type Indicator）已经在组织机构中得到了广泛运用，以帮助管理者建立成功的工作关系。我们在这里可以了解内向、外向、决策偏好，以及对输入信息的反应。[6]这种方法用于项目团队开发。其他为支持团队建设而开发的评估工具包括四象限（Four Frames）、DISC、性格色彩评估（True Colors）和PAEI。四象限是一种由李·鲍曼（Lee Bolman）和特伦斯·迪尔（Terrence Deal）在具有里程碑意义的出版物《重构组织》（Reframing Organizations）中描述的领导力评估工具。这里展示的风格涉及组织变革中的领导，以及对结构的、人力资源的、政治的和象征方法的注重。理论上，倾向于任何这些偏好的个人将在领导变革中表现出不同的成功。[7]性格色彩评估是自20世纪70年代后期以来在组织机构中流行的评估工具。[8]如文本框8.1所述，性格色彩与具有以下特点的人格特征相匹配。

8.1 性格色彩评估特征	
蓝色	对他人敏感，合作
金色	负责，有组织
橙色	精力充沛，冒险
绿色	智慧，有远见

资料来源：改编自Truecolorsintl.com。

这些颜色图表的结果表明，这些特征在人群中呈现出不同程度的变化，橙色和金色更为普遍。你的颜色并不重要，重要的是个性指标。幸运的是，大多数团队拥有这四种风格。类似的方法是20世纪40年代开发的DISC系统。[9]与此评估工具相关的样式包括主导、影响、稳定和合规。这些与以任务为导向、以人为本、被动和外向的个性相关。[10]这些工具中的任何一个都可能适用于考虑内部运营和沟通方式的团队。另一个流行的理解团队差异的方法是伊查克·阿迪斯（Ichak Adizes）关于学习风格的成果。[11]管理角色模型（PAEI）是在 20 世纪 70 年代开发的，旨在辅助建立一支高绩效的管理团队。从理论上讲，拥有每种学习方式的团队组合对决策和项目实施是最有效的。角色模型公式包括四个特征：生产者、管理者、企业家和整合者。这些风格的特征注明在文本框 8.2 中。

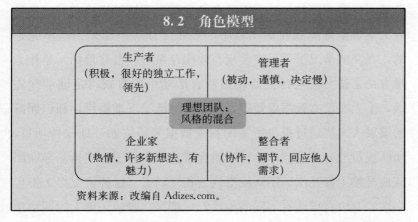

完成 PAEI 或其他评估工作后，团队成员通常会发现他们混合了所有这四种风格，但其中一种或两种最为主导。一旦确定并理解了这些风格，团队就可以考虑在成员之间成功运作的沟通策略。当然，在现实世界中，个性特征不太可能推动团队成员的选择。但是，团队中每个成员都可以了解自己的偏好并了解团队的其他类型。理想情况下，高绩效团队需要所有四种风格。我们需要有大胆想法和热情的个人，以及能够组织项目要素并始终掌握法规、法律问题以及其他职责要求的人。我们也想要那些以结果为导向并努力落实好点子的人。最后，我们需要能够留意团队文化、潜在感受和关注点，并采取措施确保相互尊重与和谐的人。

团队协作

尽管了解了个人学习风格，但还有其他因素会导致博物馆中的团队功能失调。举例来说，假设项目在生命周期中没有考虑团队角色和连续性。完成藏品库存的任务涉及雇佣一组人员来调查藏品，记录它们的位置，以及在新的数据系统里描述它们。尽管有大量资金分配和在该项目中的多年工作，但结果仍是不完整的，在某些情况下不足以实现有效库存系统的最终目标。是什么地方出了错？该项目在博物馆所有活动中没有获得足够的优先级，个人在没有数据库管理系统培训的情况下被聘用，知识渊博的策展人未能通过提供所需的目录数据来始终如一地支持项目，团队成员没感受到作为博物馆大家庭的一分子，项目领导和团队成员换了好几次，团队成员缺乏相互问责。这种情况多久发生一次？有没有可能有不同的做法？尽管存在着融入更大的博物馆利益相关者团体的问题，但这个核心团队太大，并且没有花时间来培养最重要的信任和尊重，而信任和尊重是团队成功的凝聚力。帕特里克·兰西奥尼（Patrick Lencioni）经常撰写关于组织机构中有效人力资源和领导力系统的文章。没有团队成员之间的基本信任，就不会出现成长。协同工作需要容忍冲突，支持决策，对结果负责，并共同关注最终结果。各种实现这些功能的方法包括了解每一个团队成员、个性评估和360度反馈。[12] 团队无法在没有时间培养尊重的情况下建立信任。非正式聚会是把团队成员作为个人而不是作为专业角色去了解的好方式。最终目标是创建一种"协作文化",在这一文化中,团队建立信任,掌握妥协的能力,锻炼耐心,并为开发项目提供共同和可持续的方法。[13]

沟通

这是团队发展中最棘手的因素之一。如果没有明确一致的沟通,团队将无法凝聚起来并建立信任。有效沟通常见的障碍是什么?

- 时间
- 难以管理的性格
- 物理位置
- 相互矛盾的优先事项

许多团队遭受对冲突的恐惧,允许更强大的成员主导谈话,寻求基于直觉或情感而不使用事实来做出决定,或缺乏对角色的清晰理解。如果没有专注于沟通的时间,决策可能在没有考虑所有因素的情况下就被推出了。对于信息共享、辩论、对话和决策的团队规范的不认同可能会妨碍成功。花时间来探索每个成员的各种角色和观点可以为今后良性的辩论奠定基础。项目启动的第一步是定义共享目的。团队需要检视最终目标,并就满足博物馆使命、坚持其价值观和利用团队成员的优势方面达成一致意见。工作量是否均匀分布?是否所有成员都为产生构思和设计的创意性工作做出贡献?是否有明显缺乏自我和"我"的陈述?建立团队之间的关系包含在一个非威胁的环境中团结在一起,其重点是相互理解。这是许多组织受益于外出静思会、全日制工作坊,或非正式午餐会议的方面。不那么正式的方法让团队放松、让成员分享共同的经历(一顿美餐、林间散布、在酒吧喝一杯),乐趣是成功方案的一部分。团队学习还包括访问其他博物馆、阅读与项目主体相关的文章、邀请相关主题的演讲嘉宾介绍新的想法等。

考虑到上文讨论的学习风格模型,还有与团队成员合作的选项。其目标是采用跨风格的沟通方法。例如,在 PAEI 模型中,如果你是一名与企业家合作(冒险和行动导向)的管理者(谨慎和厌恶风险),你必须付出一些努力,乐观积极地提出你的想法或顾虑。从大局出发,并避免在细节上花费太多时间。给企业家几种选择作考虑可能会导致您的想法得到理解和接纳。和整合者一起、使用会话式的小型谈话可以活跃讨论,然后可能需要关注针对团队整体幸福感的最佳解决方案。[14]

"会议,血腥会议"(约翰·克里斯,1976)[15]

最普遍的沟通模式是团队会议。无论是通过电话会议、视频会议还是面对面会议,会议都是团队沟通的基本要素,也可能是团队合作中功能失调的一个方面。会议可能一直进行,但收效甚微。有多少次你参加了会议,却发现自己后来在走廊谈话中解构了问题?考虑到对学习风格的了解,我们团队中有许多成员在会议期间做白日梦或处理多项任务。有些人只会考虑他们想说什么,而不是倾听别人的意见。在一段关于深刻问题的谈话中,有人可能会发脾气并且随之而来会议进展甚微。有人可能会感到被迫劫持议程并主导谈话。所有这些原因都会使会议变得无效。我们如何纠正这些问题？答案是通过规划议程和管理流程。至少使用书面会议议程，包括时间限制、行动项目和后续行动。在安排会议之前需确定其必要性。目标是什么？是否涉及紧急情况？谁需要在那里，他们负责提供哪些信息？提前安排会议非常重要，同时要发送议程和阅读材料并确保人员出席。会议应该简短。如果我们正在进行状况更新会议，那么可能只需要 30 分钟或更短时间。那么需要面对面开会吗？需要做出决定的会议应该有时间来审查问题和讨论。议程上的项目应该标记为"信息共享"或"行动项目"。每个部分的时间限制也有助于保持注意力。会议要设置最佳时间限制（例如，不超过 60 分钟）和休息时间。会议开始后，您如何在一开始就与每个人交流？每位与会者都应该有机会在进入议程前对议程发表评论。会议经理（项目经理或协调人）应提供讨论的基本规则以及管理会议流程。基本规则可以使操作规范，例如：

- 一次说一个议题
- 没有抱怨
- 准时开始，准时结束

推进小组进程可能像把猫赶到一起那么难。停留在一个观点上很重要。协调人需要总结对话并确认认同的观点和争论点。通常重申与会者提出的关键点有助于推进会议向前发展。记录员应该到场，甚至在白板上写下决定，如果记录员在线的话可以将决定写在类似的虚拟白板上。停下来确保每位小组成员对进程感到满意是很重要的。保持准时也是重要的，以便总结议程项目时可能需要将某些问题提交到以后的日期，或者指派团队成员带着更多的信息回来。如果存在混淆和分歧，该小组应该尝试澄清问题以便向前推进。如果没有，那么应该特意留出这个问题供以后讨论。这是"停车场"的作用。这使得参与者推迟对困难问题的讨论。在涉及许多核心团队以外的人的会议中，可能需要分成讨论小组（2—4人）来解决不同的问题。当人们沉默坐着时，他们可能只是不愿意说些愚蠢的话。在一个更小的小组里，他们无疑会发言。记录会议的决定很重要。会议记录和行动项目应成为流程的一部分，并在休会前达成一致。使用活动挂图和便利贴是提供视觉记录的好方法。今天，有各种项目管理软件系统可以在线进行协作，如Trello、Asana和Basecamp。这些程序将团队成员链接到活动数据库以及聊天功能。检查进度和分享想法很容易。如果员工彼此保持距离，那么这种方法就很有价值了。

　　会议主持人应该通过循环赛或"检查"成员的方式让每个人融入对话，以了解他们如何对待手头的问题。要求每个人分享他或她对这个问题的理解是至关重要的。当冲突发生的时候，主持人应该协助保护人们的想法。鼓励人们发言、总结他们的意见并阻止过于负面的评论人的任务全都落在了运行会议的团队领导身上。[16]主持会议对于项目经理来说可能尤其复杂。他们必须参与和团队行为相关的两项主要活动：任务和维护。对任务的专注包括为会议内容寻求和提供信息、总结讨论，以及测试共识。维护行为包括观察紧张局势，鼓励安静的成员发言以及制定会议规范。作为主持人，平衡这些角色可能具有挑战性。[17]不要忘记使用幽默感让人们放松。同时茶点能为小组补充营养。

会议中的困难人士。 你该如何对待他们？首先，不能忽视他们的顾虑或者行为。意识到这点是很重要的。或许这个人仅仅需要被倾听。循环讨论这个问题也可能会有所帮助。要求每个参与者以积极的方式发表评论。更成熟的团队有望尊重成员并且让成员诚实地发表言论。如果个人不愿意参加团队合作，他们可能需要免除会议或甚至项目的责任。强烈建议和这位破坏性成员进行一对一的谈话。同样重要的是，与自行离开及不遵守计划的个人谈话。重要的对话使项目负责人能够与困难的团队成员合作。项目经理需要投入大量时间来处理这些问题。据人力资源管理协会（the Society for Human Resource Management）的报告，管理人员会花费多达17%的时间来对付困难员工。[18]

　　倒退。 会议结束，决定做好了，行动分配好了，我们重新开始工作。您是一位需要实施任务的项目团队成员。在与办公室同事讨论行动步骤时，可能会有许多挫折。如何沟通决策？如果有员工反对怎么办？有可能项目团队成员没有百分之百确定他们的方向。当遇到抱怨时，拖延决定或只是尝试重新协商决定的行动可能很容易！这可能需要得到项目经理的注意，以确保项目不会偏离轨道。

做出团队决策

　　除了理解规划和召开会议的基础知识外，项目团队还需要在项目的整个周期内做出许多决策。要就目标、时间表、预算、内容和管理中不可避免的变化达成一致，就需要有人做出决策。有时候项目经理在咨询团队后会做出这些决策。其他时候，团队需要在做出决定之前积极地开发替代方案。或者有时候，最高领导层会根据团队不同程度的意见做出决定。回顾第四章所描述的参与连续性。决策的类型取决于紧迫性、风险和长期影响。团队决策通常通过协商一致做出，这是团队流程本身的优势。但如果在审查替代方案时投入的数据和时间不足，则达成共识可能是一种糟糕的方法。在项目的早期阶段或正在进行重大变革时，头脑风暴是一个推动项目的好方法。其中，参与者的时间花在天马行空的思考上并尽可能多地去做测试和进一步设想。考虑选项时应投入足够的时间。在有压力的时期，决定小组领导或高级经理想要什么比主动反对集体思维更容易。敏捷项目管理系统十分依赖于此类决策。例如，建立工作坊或研讨会常将团队与外部专家聚集在一起，来开发多种观众体验方法。通常会找到一间充满临时模型、便利贴和各种活动挂图的房间。强调创作过程可以为员工注入活力。这可能会延续到正在进行的项目中，例如在达拉斯艺术博物馆（Dallas Museum of Art）的"创意连接"（Creative Connections）工作室完成的工作。展览规划师凯瑟琳·麦克莱恩（Kathleen Mclean）撰写了关于"博物馆孵化器"作为"孵化创意新思想的环境"的重要性，以此为新展览规划提供支持，并为员工提供专业发展。博物馆团队反复工作，经常与公众成员一起测试他们的想法。这种方法在快速变化的世界中极为重要，但使用这些技术也可能与传统的规划过程发生冲突。[19]在博物馆中与他人分享你的看法也有助于创意发展。你的便利贴是否贴在走廊、会议室或办公室？国家美国历史博物馆有时候会在博物馆咖啡馆举行团队会议，任何工作人员都可以来这里观察商议过程或加入自己有用的想法。[20]我们如何在一段时间内消化这些想法？随着这些想法开始萌发，团队最终会转向想法的选择。正如第五章概述的那样，项目的想法需要进行可行性检验。这将涉及基于环境、事实和受影响的利益相关者的意见的决策体系。

沟通系统存在于团队本身之外。任何项目最终都会对扩展团队和其他利益相关者产生影响。分享信息或寻求对项目团队的想法和进展信息分享，甚至寻求反馈都是假设事实。我们如何以可靠的方式做到这一点？该组织机构内部的谣言会说出有关该项目及其进展和参与者的故事，那么为什么不更积极主动地这样做呢？与员工和志愿者召开职工会议分享规划，创建项目网站，就关键文件进行午餐研讨会，撰写理事会简报以及与外部利益团队（如媒体或博物馆成员）召开会议都很有帮助。

团队职责

高绩效团队的关键因素是相互问责的存在。只有当团队在沟通中建立了信任和开放度，才会发生这种情况。职责只是满足你在项目中这一部分交付的期望。期望包括时间线、质量和包容性工作。这也意味着就推动项目向前发展的决策达成一致。有时候承诺很难。由于团队成员很忙，他们可能会发现很难在截止日期前完成工作。项目经理有责任通过一对一会议、个性化培训或与主管谈判争取更多时间与有困难的个人合作。然而，研究表明高绩效团队不仅能够满足最后期限要求，而且还能展示点对点管理。任何团队成员都可以迅速提出问题并寻求解决方案。他们不会等待项目经理安排会议来讨论冲突或问题。团队成员之间的冲突通常会很快得到解决，只有在存在重大问题时才会向更高的层级汇报。他们与团队其他成员分享关于他们面临挑战的故事。[21] 这可能导致重新考虑博物馆员工的年度绩效评估。他们的团队表现与个人贡献一样重要。

解 决 冲 突

冲突可能发生在团队生命周期的任何阶段。通常冲突来自不明确的角色和权威。冲突由关于展品、脚本、资助者、空间、优先级以及流程中每个可能的部分的决策引发。政策和伦理准则有望以指导的方式帮助缓解问题。重要的是，团队不需要陷在这种情况中。可以通过倾听、谈判和妥协来解决冲突，确保问题清晰，并确认共同的利益。但是通常情况下，团队试图通过避免对抗或假装问题不存在来继续前行。冲突可能是团队成长的积极因素。这是创新的基本途径。管理变革充满了冲突。在适应性组织中，冲突在于想法，而不在于关系。后者可以导致逃避、愤怒和无所作为——团队朝着重要的最终目标迈进会遇到的所有问题。以现状模式运作的团队可能不会遇到更多创新团体所采取的冲突解决方式。然而，在一项 EmcArts 就此主题进行的调查中，66％的人对创新方法表示不满，这表明他们在这方面缺乏技巧或缺乏直接经验。显然，这方面经验越多越好。[22] 良好的冲突管理会引起批判性思维的增加，减少停滞不前以及循环思维，并使团队重新焕发活力。冲突的缺点可能是"赢得一切"的氛围、不同观点背后的两极分化，以及信任的奔溃。[23]

关键性谈话

"关键性谈话"是两个或更多人之间的讨论，其中：（1）高度利益相关，（2）意见不同，以及（3）情绪强烈。[24] 这是一种经过充分测试的在冲突中工作并解决冲突的方法。谈话几乎总是一对一的。如果可能的话，它们需要在相互尊重、相互信任的安全环境中发生。情绪可能很高涨。倾听技巧至关重要。对话旨在确定每个人的意见、看法和恐惧。参与者在回答之前倾听，并在此过程中重复他们所听到的内容。这承认了你同事的意见很重要。诚实很重要，但寻求共同点同样重要。我们都同意什么？我们是否愿意寻求解决方案？在这里，关注事实而非个人行为绝对是至关重要的。把责任归咎于某人的行为而不是你所面临的情况是如此容易。回想一下现代领导理论中同理心的重要性。当情绪爆发时，是时候后退一步了。要知道安全环境的必要性。沉默是可以的。一旦确定了前进的道路，如果可能的话，确保双方在书面文件中达成一致。美国国家历史博物馆项目经理劳伦·特尔钦-卡茨（Lauren Telchin-Katz）在谈到冲突时说："我非常努力地和我的团队成员建立个人关系。当我需要处理冲突时，我会立即执行此操作，无论是在团队面前还是私下里。我依靠人际关系和交往能力来解决冲突，并试图常说真话。"[25]特尔钦-卡茨指出，当团队合作和截止日期的压力迫在眉睫时，这项重要工作可能需要花费大量时间。

从中间管理

经验丰富的项目经理丹尼尔·图斯（Daniel Tuss）对这一角色提供了如下观察："博物馆一直是平等主义制度。考虑到这一点，有效的项目管理需要的不仅仅是管理大大小小的细节的科学，并且依赖于更类似于通过立法塑造共识的精致艺术。"丹尼尔在大小型机构拥有超过十年的艺术相关经验。布鲁克林博物馆高级经理的工作为他提供了管理各种机构项目的机会，这些项目主要集中在获取藏品、内部沟通、展览、Bloomberg Connect's Ask 应用程序的构思、重大筹资以及与企业的计划资助伙伴关系。[26]

项目经理如何在冲突、协作和建立共识的世界中发挥作用？在第七章中，我们讨论了项目经理作为管理者和领导者的双重角色。这一关键作用要求他们在决策过程中保持中立，重点放在公平过程上。在其他时候，领导角色需要提供更多的愿景和灵感。在这些角色之间切换并不容易。此外，你还可以安身于组织的中心，其中 360 度的沟通是常态。项目经理也几乎没有正式职权，必须通过影响力来管理。

团队本身需要在各个阶段提供指导。项目经理在项目周期中遇到许多挑战。作为团队领导，他们需要将最佳行为树立为范例。以身作则的作用非常强大。这是如何运作的？有时候，这是一种愿意与群体一起变得脆弱的意愿。分享克服挑战的个人经历可以鼓励团队成员将你视为一个真正的人。领导者通常被视为无敌以及有最终权力的，因此开放度在建立信任的早期阶段非常有效。你是教练，你必须分享权力。每个团队成员都是不同的，在完成工作时可能需要不同程度的协助。有些人可能需要额外的监督，或者需要更频繁的倾听。决定这些不同的可能是他们在团队合作方面的专业水平或他们的学习方式。冲突谈判也是项目经理的常见任务。显然，我们无法争辩的一个事实是，建立一个协作团队需要时间和耐心。当团队成员发生变化时怎么办？

除了团队之外，还有一个非常重要的有关更高管理层的界面。项目经理如何在组织机构的不同层面共享信息并影响决策者？在较大的博物馆中，他们可能需要与部门职能经理以及理事和理事会合作。高级管理人员不太可能需要大量细节，因此项目的单页摘要可能就足够了。如果可能的话，可以和高级管理层召开整个团队的会议。这有助于建立起对团队工作的信心，并提高员工的士气。领导涉及一整套技能。其中一件重要的事是花一些时间来理解高级经理喜欢接受信息的方式。他们可能更愿意从别人那里了解你的项目。如果你有项目总监，那个人可能是起领导作用的主要倡导者。或者倡导者可能包括你的开发总监或首席财务官，具体取决于所涉及的数据。馆长可能更希望将你的项目升级给整个高级团队，而不是一对一地完成。提前提供信息供管理层学习。知道一位高级经理如何沟通和决策至关重要，特别是如果你需要对有关资源或其他重大问题的决策产生影响的时候。重要的是要避免在沟通线路上出现意外。

如果项目经理发现他们需要传递坏消息，那么第一条规则总是要有解决问题的选项。许多领导者更愿意拥有选择，而不是在信息不足的情况下做出决策。盟友或专家意见在这种情况下也非常有用。你可能需要在同事或其他经理之间建立联盟，以确保博物馆领导者感到舒适。如果你处于一个反对顶层领导的立场，那么你可能需要征得表达反对立场的允许，并确保使用事实而不是判断。要谦虚，表现出谦虚，并将你的立场和博物馆的利益联系起来。提供交际手腕和关怀信息很重要，但对可能导致项目成功或失败的事实要诚实。[27]

讨论问题

1. 长期展览建设项目的工作需要哪种学习方式？您所在的

博物馆有没有做过这种类型的团队行为方面的个性评估？

2. 考虑您的博物馆中涉及团队或员工之间冲突的情况，本章中的冲突管理方式如何运用于解决问题？

3. 鉴于需要改进会议和内部沟通的管理，哪种解决方案最适合小型博物馆而不是大型博物馆？

4. 作为中层管理者，您如何有策略地影响高级管理者？

注释

1　Jennifer Mueller and Julia Minson, "The Cost of Collaboration: Why Joint Decision-Making Exacerbates Rejection of Outside Information," *Knowledge at Wharton*, March 14, 2012, accessed November 12, 2016, http://knowledge.wharton.upenn.edu/article/research-roundup-the-dark-side-of-teams-the-risks-of-social-comparisons-and-the-transfer-of-entrepreneurial-skills/.

2　这个术语范围超出了博物馆，适用于社区，涵盖了该领域的一系列最佳实践。例如，所有注册服务要遵守既定的政策和程序。

3　Charlotte P. Lee, "Reconsidering Conflict in Exhibition Development Teams," *Museum Management and Curatorship* 22, no. 2(2007): 183-99.

4　Mindtools, "Understanding the Phases of Team Development," accessed November 12, 2016, https://www.mindtools.com/pages/article/newLDR_86.htm.

5 Jeanette M. Toohey and Inez S. Wolins, "Beyond the Turf Battles: Creating Effective Curator-Educator Partnerships," *Journal of Museum Education* 18, no. 1(1993): 4-6.

6 MBTI Basics, The Myers & Briggs Foundation, accessed November 12, 2016, http://www.myersbriggs.org/my-mbti-personality-type/mbti-basics/.

7 Lee G. Bolman and Terrence E. Deal, *Reframing Organizations* (New York: John Wiley, 2008).

8 Accessed online November 12, 2016, https://truecolorsintl.com.

9 Accessed online November 12, 2016, https://www.discinsights.com/ whatisdisc#.WCdscldfPdk.

10 在现实中,大部分上述形式的评估都可以追溯到卡尔·荣格早期的理论。

11 Accessed November 12, 2016, https://www.mindtools.com/pages/article/paei-model.htm.

12 Patrick Lencioni, *The Five Dysfunctions of a Team* (San Francisco: JosseyBass, 2002), 187-220.

13 Matthew Isble, "Building and Sustaining a Culture of Collaboration," *Exhibitionist* 29, no. 1(2010): 26-32.

14 更多 PAEI 模型见爱迪思网站:http://adizes.com。

15 任何熟悉1970年代约翰·克里斯(John Cleese)企业培训视频的人将回想起会议计划不周所带来的痛苦。

16 Fran Rees, *How to Lead Work Teams* (San Francisco: Jossey-Bass, 2001), 183-94.

17 Thomas A. Kayser, *Mining Group Gold* (El Segundo: Serif Publishing, 1990), 86.

18 Kate Rockwood, "Bad Influence," *PM Network*, October 2016, 48, accessed online November 16, 2016, http://www.pmnetwork-digital.com/pmnetwork/october_2016?pg=51#pg51.

19 Kathleen McLean, "Learning to Be Nimble: Museum Incubators for Exhibition Practice," *Exhibitionist* 34, no. 1(2015): 8-13.

20 Personal Interview with Lauren Telchin-Katz, Project Manager, National Museum of American History, Smithsonian Institution, November 16, 2016.

21 Joseph Grenny, "The Best Teams Hold Themselves Accountable," HBR Blog Network, *Harvard Business Review*, May 30, 2014, accessed November 14, 2016, https://hbr.org/2014/05/the-best-teams-hold-themselves-accountable.

22 Karina Mangu-Ward, "Survey Results? Conflict Management and the Adaptive Organization," EmcArts, December 12, 2012, accessed November 14, 2016, http://artsfwd.org/survey-results-conflict-management-and-the-adaptive-organization/.

23 Kayser, *Mining Group Gold*, 146-48.

24 Kerry Patterson, J. Grenny, R. McMillan, and A. Switzler, *Crucial Conversations: Tools for Talking When Stakes Are High* (New York: McGraw-Hill, 2002), 3.

25 Personal interview with Lauren Telchin-Katz, Project Manager, National Museum of American History, Smithsonian Institution, November 16, 2016.

26 2017年2月14日与丹尼尔·图斯的个人访谈。图斯如今担任纽约城市文化事务部门的艺术项目专家。

27 Amy Gallo, "How to Disagree with Someone More Powerful Than You," *Harvard Business Review*, March 2016, accessed November 23, 2016, https:// hbr. org/2016/03/how-to-disagree-with-someone-more-powerful-than-you?platform=hootsuite.

第九章 评估项目

项目评估涉及一系列活动,包括定义指标、关闭项目、评估内部效率和员工学习,以及吸取经验教训。介绍了项目的选择和组织结构、组建团队,以及理解动态人际关系之后,我们知道完成项目是一个复杂的旅程。项目会面临许多阻碍,包括筹款、环境变化、范围渐变以及其他障碍。尽管有详细的可行性阶段、风险分析、谨慎的预算制定、任务分析和时间表开发,以及高绩效团队的建立,但仍然无法保证成功!项目的六个阶段概述了一些看待成功和失败的通常方式:

- 热情
- 理想破灭
- 恐慌
- 寻找犯罪之人
- 惩罚无辜者
- 赞扬非参与者

尽管这些阶段不都是很严重的,但它们强调尽管我们尽了最大的努力,在此过程中仍会出现错误。人们会不高兴。然后我们需要仔细研究该项目来确定如何从过程中学习经验教训以及如何衡量我们的结果。成功的衡量标准始终是博物馆领域的最佳实践，但这些标准却极为虚幻，令人沮丧。尽管强调观众满意度和纳入利益相关者意见是该领域的最佳实践，然而博物馆不会始终如一地参与项目评估。确定评估内容和频次也是一个挑战。我们用何种方式，在何时做这个工作？每项战略规划至少应包括绩效指标。每个项目都需要这个。项目管理研究所在 2016 年的一项研究中调查发现，当项目团队和高级管理层在一开始就确定其最终目标、客户需求和成功衡量标准时，这样的项目中有 45％是成功的，并且浪费的资金更少。[1]

评估博物馆项目结果

我们评估什么？评估系统涉及设定总目标、分目标和结果。对项目的评估包括：明确绩效评估措施，以确保成功；证明资源合理性；增加参观人数；提高利益相关者和员工的忠诚度。绩效评估标准包括定期和系统地跟踪活动的投入、产出和结果。其目标是评估效率和有效性。我们必须为正确的目标选择正确的指标，并权衡数据收集的成本和收益。投入和产出的衡量涉及项目活动。例如，什么样的产品（产出）投入多少资金（投入）？后者涉及效率评估，而结果测量的是有效性。理想情况下，我们希望基于结果的评估为建立结果问责制提供基础。这种方法通常是捐款组织在为项目提供资金时所希望的。例如，博物馆与图书馆服务协会（the Institute of Museum and Library Services）多年来已经设立了一套基于结果的评估标准。资助者需要制定一个计划来衡量他们项目的影响力。该项目是否在满足社会需求方面做出了重大的改变？例如，博物馆或图书馆服务的社区已经成功教育了一定比例的学龄儿童，这引起越来越多的学生认识到他们作为有环保意识的社区成员的角色。这意味着长期的影响。该计划输出的是学校拓展项目，一场巡回展览，或一次基于网络的学习体验；投入的是员工技能、藏品或其他所需资源。[2]

绩效评估的概念源于20世纪50年代开发的全面质量管理（Total Quality Management）理论，并被营利机构和非营利机构广泛采用。[3]虽然我们今天没有听说这个术语，但其前提是关注客户、员工的参与度，并不断改进流程和产品——这与博物馆关注的大部分内容产生了共鸣。我们如今为以下内容设计评估体系：

- 一种系统的方法
- 随时间推移所收集到的数据
- 定性和定量
- 专注于结果
- 用于为规划、人员、资金相关的决策提供信息

系统方法意味着我们在评估之前要定义最终目标并确定我们的基线。许多博物馆会为观众或其他焦点小组成员的形成性前期评估调查予以拨款。这些数据对于展览内容的开发至关重要。同样，一旦向公众开放，一系列总结性评估会用来评估展览的结果。另一个例子是在实施综合藏品数据库项目之前定义基线情况。目前只有一小部分数据，而我们的目标是达到100%。我们的项目将包括项目实施过程中收集的数据。这些数据将代表进度

点。结果是定性和定量的。我们不仅会看到有多少对象被数字化，而且还会看到图像的质量、视图的多样性以及相关的元数据，还有员工和公众是如何利用数据库的。这些评估的反馈使得博物馆在新项目领域、员工培训，以及项目如何支持诸如展览和公众访问等核心计划方面做出决策。

　　设计评估体系需要对总目标和分目标进行深思熟虑的审查，并仔细分析要跟踪的数据。在一些博物馆中，绩效评估标准成为一种负担。你真的想知道有多少工时花在展览设计上吗？你需要知道场馆扩建的每平方英尺成本是否在行业标准之内吗？答案并非总是如此！追踪众多活动是一项耗时的工作，可能最终没有人会在意我们收集到的数据。谷歌分析使我们能够更好地了解自己的线上活动，但这是否会转化为我们真正需要的质量指标？我们何时需要采取措施是另一个因素。采取措施并不总是在项目结束时，也会是在实施阶段。尼娜·西蒙（Nina Simon）在她的《参与式博物馆》（*The Participatory Museum*）中阐述了这一点，"增量评估有助于保持复杂项目与其最终目标的一致，同时让项目为每个参与者服务"。[4] 我们看到敏捷项目管理系统就是这样的。

　　我们采取了哪些措施？先从机构层面开始。哈佛商学院在20世纪90年代开发的系统是平衡记分卡（Balanced Scorecard）。[5] 平衡记分卡用作商业和非营利机构评估系统的标准框架，为包括规划、基础设施和资源在内的所有战略目标领域设立了一系列绩效评估。机构的目标包括客户满意度、内部业务流程以及组织学习和成长。对所选措施的意义的了解方法包括与行业标准或趋势的比较。基准测试收集了用于评估博物馆绩效及其与其他相似机构关系的数据。进行基准测试以确定谁是该领域的领导者以及相较来说你做得有多好。基准测试中还包括采纳自其他博物馆最佳实践的活动。

我们在一定程度上依赖于 AAM、AAMD 和其他博物馆宣传组所做的研究、调查和其他数据。然而，这些并非详尽无遗。个人数据收集和分析工作是重要的信息来源。例如，芝加哥大学 2010 年文化建筑调查《一成不变》分析了艺术博物馆新建筑的数据。[6] 另一个比较研究的例子是安妮·伯杰龙（Anne Bergeron）和贝丝·塔特尔（Beth Tuttle）的研究，他们在《磁性博物馆》(Magnetic: The Art and Science of Engagement) 中制作了成功因素的目录，包括观众增长、计划影响、收入增加，以及一些美国博物馆的社会影响。[7]

评估项目结果的传统方法是评估数字。筹集了多少钱、有多少人参观展览、我们有多少正面新闻评论，以及 Yelp 上有多少推文或正面消息？数字通常与成功有关。定性评估包括计划对完成任务的影响，例如一项教育计划如何提高识字率，或减少肥胖，或吸引新的观众，或改善残疾观众的可达性。正如我们到目前为止所讨论的那样，我们对照其他人进行评估（基准测试），对照自己进行评估（理解我们如何随着时间流逝而发生改变），以及对照例如美国博物馆联盟认证要求等行业标准进行评估。我们的目标是为了博物馆的利益做出改变。你正在进行哪些长期的改进？由于数据收集非常耗时且往往难以标准化，因此博物馆应仔细考虑数据的意义以及收集数据的难易程度。许多数据收集工作涉及投入和产出，很少涉及结果和影响。有关传统博物馆项目评估参见文本框 9.1。

> **9.1 项目成功评估**
>
> 准时，符合预算
>
> 符合规划要求
>
> 员工可以操作新系统
>
> 会议出席目标
>
> 媒体、公众和员工的关键反应
>
> 成功的资金募集活动
>
> 流程运行良好

评估内部运营

除了与任务相关的评估外，博物馆还需要关注项目运营的效率。我们如何利用工时、可用资金以及其他资源，例如和外部资助者或其他博物馆的合作关系都很重要。我们期望的基础评估始终包括：

- 我们有没有按时在预算内完成项目？
- 我们有没有取得项目任务书中概述的最终目标？
- 如果没有，为改变这些原始目标需要做哪些调整？

项目结束时会有几项活动。我们支付了所有账单吗？工作人员得到了感谢吗？捐赠者得到承认了吗？对于展览或建筑项目，展览的维护系统和进行中的计划是否交接给合适的工作人员或承包商？展览或更新的空间对公共计划或后台运营有用吗？我们做过包括会计在内的最终报告吗？哪些地方运作良好，哪些地方有问题？我们可以推荐对未来的流程或设计做什么样的变更？俄亥俄州哥伦布市科学与工业中心（COSI）体验部高级主管乔什·萨维尔（Josh Sarver）强烈地感觉到，流程对于成功很重要，但进行调整可能也很重要。"在你的机构中有一个如何管理项目的理想模型是必要的。然而，能够根据每个项目的具体需求塑造该流程更为重要。"8

遗憾的是，许多项目在没有进入正式审查流程的情况下就完成了。员工太忙于下一个项目或者急于回到他们的智能办公室工作。然而，"事后审查"应该在非常临近项目终点的时候进行，那时候关于工作的记忆还很新鲜。最好让项目团队自己完成这项分析，但扩展团队或其他利益相关者通常也会加入。对项目工作方式的诚实评估往往是痛苦的。如果有成本超支或者频繁的团队冲突，就很难直面问题的原因。因此，与协调人或中立人员合作进行此类审查将有助于确定未来问题领域的解决方案。当项目终止时，团队中的个人也可能会有一些强烈的感受。他们可能已经与团队成员建立了良好关系，会很遗憾看到项目结束。项目可能已经具有高度优先级，一旦项目完成，个人在这项工作中的自豪感可能会减少。团队应该仔细查看他们如何互动以及存在冲突或者沟通中断的地方。每个团队成员的表现如何？为了支持问责制，项目经理应该用例如时效性、热情、态度、工作质量和团队动力等标准来评估个人绩效。团队还应该评估项目经理、职能经理和高级职员。9除了项目经理的评估以外，每个团队成员应该反思他或她的表现。以下问题会对个人评估有所帮助：

- 团队成员之间的任务分配是否平均？
- 作为团队成员，你有否有效地为完成项目做出了贡献？
- 团队是否有效使用了会员的最佳技能？
- 你认为团队成员有互相问责的意识吗？
- 你从这个项目中学到了哪些新技能？
- 哪些额外培训会有助于增进你在未来项目中的表现？

对项目的经验教训进行编纂并将其纳入博物馆政策和程序是对项目管理计划的重大补充。关于人们可以通过"事后审查"增加价值的方法包括对于创意生成、项目管理软件使用方法，或者管理合同策略的描述。当然，要庆祝你的成功，并奖励员工的辛勤工作。

谁得到了最后的分析？除了团队和高级管理层外，理事会应了解项目的成败。政策和程序可能需要修改，以便将来取得更好的结果。如果项目满足所有高分评估标准，那么请考虑如何保持这种成功。最重要的是，评估阶段是组织学习之一。领导者应该鼓励将其作为博物馆文化和运营价值的一部分。分享问题不应该受到惩罚，而应该受到鼓励。对责怪的担忧不应阻止这个过程。

纳入经验教训

项目完成后，各方的任务都完成了，并且团队已经得到感谢并开始其他项目工作。评估数据也拿到了。我们如何运用这一信息？显然，为了未来的项目需要对任何不成功的结果或项目内容进行反思。是不是展览互动未能吸引观众？是不是标签太啰嗦？

有没有找到主要问题？特定的设计内容是否过于耗时或昂贵？团队动力学是一个问题吗？博物馆是否有太多竞争项目需要投入足够的资源来确保积极的成果？这些类型的问题同时检验了最终产品和项目实施的过程，它们能改进下一个项目。与员工和理事会分享结果也能帮助博物馆成为未来的学习型组织。这些信息需要成为未来战略规划工作的一部分。

一个有趣的案例研究涉及纽约公共图书馆（New York Public Library）的工作。2014 年，他们在全体员工范围内做了一个大型工作，旨在优化服务和内部流程。作为一个拥有 2 500 名员工的组织，图书馆开始了一系列以团队为基础的规划工作，来设计、测试和实施可以更好响应不断变化的观众和数字化的战略。这些团队被称为"创新社区"，以虚拟或亲临现场的方式工作，以便在六个月内开发和测试想法。这项涉及 10% 员工的工作结果引起了重要的组织学习以及明确的员工主人翁意识。首席图书馆官员玛丽·李·肯尼迪（Mary Lee Kennedy）指出，"我们相信，创新社区创造的社会纽带将成为图书馆继续努力实现战略方向的必要条件"。这项规划工作的设计和努力反映了全面质量管理的组织原则。显然，这项项目的评估是一个积极结果。[10]

讨论问题

1. 在收集数字化项目的规划中需要哪些类型的绩效指标？这些指标会不会根据博物馆的类型和规模有所不同？

2. 项目团队有哪些方法可以在不让他人难受的情况下分析自己在一项博物馆项目中的成功？

3. 您如何定义一项特殊活动的结果？对于教育性的学校项目来说呢？谁负责创作结果声明？

注释

1　Field Report, *The Strategic Impact of Projects*, Project Management Institute, March 2016, 6.

2　https://www.imls.gov/grants/outcome-based-evaluations, accessed November 20, 2016.

3　Defined at ASQ website accessed November 28, 2016, http://asq.org/learn-about-quality/total-quality-management/overview/overview.html.

4　Nina Simon, *The Participatory Museum*, 2010, accessed November 27, 2016, http://www.participatorymuseum.org/chapter10/.

5　http://balancedscorecard.org/Resources/About-the-Balanced-Scorecard, accessed November 30, 2016.

6　Cultural Policy Center, *Set in Stone*, University of Chicago, 2010, accessed November 25, 2016, http://culturalpolicy.uchicago.edu/sites/culturalpolicy.uchicago.edu/files/setinstone/index.shtml.

7　Anne Bergeron and Beth Tuttle, *Magnetic: The Art and Science of Engagement* (Washington, DC: American Alliance of Museums), 2013.

8　Josh Sarver, personal interview with the author, November

18，2016.

9　Sunny and Kim Baker，*On Time/On Budget*（Paramus：Prentice Hall，1992），242-48.

10　Bruce A. Strong and Mary Lee Kennedy，"How Employees Shaped Strategy at the New York Public Library," *Harvard Business Review*，accessed December 5，2016，https://hbr. org/2016/12/how-employees-shaped-strategy-at-the-new-york-public-library.

第十章　项目进行中的运营团队
——案例研究

对不同博物馆的实例分析是理解博物馆规划和项目执行的最佳途径。本章将向读者展示项目管理系统的常规使用方法和创新应用方式。这些案例研究有目的地选择了不同类型和规模的博物馆作为研究对象，旨在分享博物馆项目的真实运作方式：博物馆与其战略规划、运营使命的联系，项目参数的创建决策过程，对利益相关者以及内外部团队成员的介绍等。本章还将涉及博物馆项目的其他内容，如运营成本、基于现实可操作性而对项目进行调整的相关情况、团队动力及对过往失败案例的反思。部分案例将介绍一些耗时较短、费用较低的方法，另外一些案例将探讨长期的、更为复杂、风险更高的尝试和努力。每个案例都分享了项目参与者对展览的看法。非常感谢提供案例的博物馆专家们，感谢他们愿意与我们分享项目过程中的酸甜苦辣。本章涵盖以下几个主题：展览、外展服务、场馆新建与翻修、战略性规划等。这些案例代表了不同规模和类型的博物馆，展现了从中小型博物馆的简化管理方式到经典而详细的大型项目管理等多种解决方案。

展览和外展服务

展览是博物馆最普遍的项目类型，本章中的许多案例均涉及展览项目，为展览项目管理提供了一系列的管理方法。第一个研究对象是位于俄亥俄州哥伦布市的科学与工业中心（以下简称COSI），它是该市的主要科学博物馆，其项目管理系统复杂且详尽。该案例阐述了其开设常设展的经验和方法。第二个案例研究的是位于华盛顿特区的国家建筑博物馆（National Building Museum），展览多变，其夏季街区派对装置展（Summer Block Party program）用创新的方式进行展品阐释，提升观众体验。最后一例是位于魁北克省北部的一所小型加拿大文化中心——克里族文化研究所（Aanischaaukamikw Cree Cultural Institute）。这家新兴的博物馆打造的展览项目"足迹：漫步历史世代间"（*Footprints: Walking through Generations*），不仅在其馆内展出，还走入克里族文化社区，做了多处巡回展览。

COSI 的"能源探索者"项目

COSI 是俄亥俄州哥伦布市的一个重要科学中心，在创新展览和教学项目方面享有盛誉。该博物馆占地约 36 万平方英尺，有超过 150 名带薪员工及 300 多名志愿者。博物馆的使命是"为了更好地了解我们的环境、成就、遗迹及我们自己，为全年龄段的人群打造一个氛围良好、信息丰富的场所。通过对展览、展示、系列科教活动的参与和体验，我们希望可以激发人们对科学、工业、健康和历史更深层理解的意愿和渴望。COSI 旨在丰富和提升个人，并为地球家园带来更有价值的生活"[1]。为了完成这项使命，博物馆每年为超过 60 万的现场参观者提供服务，并通过外展项目，如车轮和交互式视频上的哥伦布市科工中心 COSI 为另外 40 万参观者提供服务。

项目管理

根据体验部高级主管乔什·萨维尔的说法，"作为一个机构，我们每年需要运营无数的项目，从全展到巡回展，从常设展到短期互动项目（如农场日、大机器、科学日活动等），其规模和范围各不相同"。萨维尔的工作小组每年会操作一两个大型项目和三四个中型项目。他是博物馆项目管理办公室的负责人。[2]

该博物馆为保证项目质量，搭建了一套由复杂详尽的审查和文件组成的项目管理流程。在该流程下，项目开发需要十三个步骤：前四步包括了对展览想法的定义、对观众的限定、对体验类型的选择、资金问题、智力资源、与博物馆大政方针的关联度以及对利益相关者的调查等内容，后几步涉及对馆内外个体在项目不同阶段发挥不同作用的研究和调查。这部分与第五章提到的可行性学习过程类似。在 COSI，博物馆高层采纳了某个策展想法之后，这个项目就可以进入前概念阶段（pre-concept phase）。该阶段需要完成文献综述、前置评估、展览大纲文本和逻辑模型的开发、预算和时间表的制定。资金始终是一个关键因素，没有必要的资金，项目就无法进行，因此博物馆的发展办公室在此阶段发挥重要作用。假设资金的问题已经得到解决，那么该项目发起人（某位高层级工作人员）将与项目管理办公室一同任命项目经理、撰写项目说明、搭建项目组织结构、拟定时间表和预算草案。该项目目前处于内容设计阶段（development phase），需要不断充实概念叙事和内容元件，从而进入艺术设计阶段（design phase），开始绘制样稿及详细图纸。之后是制作阶段（fabrication phase），展览在这个阶段由图纸走向现实，展览评鉴也在不断酝酿，预算也得到落实。而在执行阶段（implementation phase），面临考验的是运营方面，同时会发起有关系统的培训，展览维护费用也逐渐体现。最后的闭展阶段（closure phase）将就逻辑模型、观众反馈、内部运营等方面对项目进行综合评估。

解释一下项目发起人这个角色：项目发起人虽不是执行团队的全职成员，但却以高层支持者的身份在项目中起到重要作用。萨维尔认为："项目发起人是一个解决困难的角色，他通常需要在博物馆内施加一定压力以对抗反对该项目的声音。因此，在最理想的状态下，项目发起人得是一位有着强大执行力及权威的人士。"

"能源探索者"是一个常设展，代表了博物馆的一个战略性重点内容——能源和环境。该展览始于2011年，在2013年对公众开放。项目任务书这样规定：博物馆委派工作人员开展工作，并为该项目提供较高的预算条件、时间线及设定高目标。项目任务书包括以下几位团队核心领导成员：项目发起人、项目经理、助理项目经理、展览设计师、评估者、制作者、教育项目经理。任务书不仅是推进项目的一盏绿灯，还向工作人员发出讯号：该项目已经正式获批落地。随任务书附上的工作说明详细列明了项目目的、项目范围、项目资金、项目设想及项目时间表。"能源探索者"项目的可交付成果包括12个独立展览，展览面积达到3 800平方英尺。值得注意的是，博物馆方面同意项目团队和项目经理有权分拨50%的工作时间投入该项目，同时保留其他工作任务。执行该项目的利益相关者分析也十分有趣，列出了在不同阶段必须暂停工作、对决策进行回顾、提出意见的关键员工，他们将参与该项目的一个或多个阶段。这些关键员工并不总是核心团队成员，也可能是其他主管。认识到这些利益相关者及其角色的重要性是COSI项目管理的一个重要因素。该项目完成于2013年夏天，比计划开放日期晚了几个月。

沟通和调动

工作人员使用Microsoft Project软件进行工作负载分析，与项目高层共享工作进度。项目团队根据具体需要制定更详细的时间安排。信息共享还可通过Basecamp和Dropbox等在线系统进行操作。COSI不排斥在项目周期内对团队进行调整。萨维尔指出，"在现实中，我们和项目的利益相关者常在整个项目中担任多重角色，在这种情况下，对理想架构做出预案十分重要，当出现权威相左、与预期不符等问题时，至少有路可退"。还有一点十分重要，项目经理这一职位通常并非全职，项目成员不会被局限在单一项目中，得以接触和体验博物馆的其他部门，获得不同的经验。项目经理在一段时期内会被分配多个项目，在一个项目停工期间，可以优先处理另一个重点项目。博物馆在搭建和制作安装方面主要使用外部承包商，当项目繁多且需同时运行时，确实要依赖外部承包商进行专业性的工作或补空等。萨维尔提到，"如果完工日期是固定的，我们会对项目投入更多劳力，或牺牲项目性能/范围内的某些元素以在限定日期内完成。通常我们都加班赶工，因为不想在观众体验上妥协"。这便是第七章中提到的资源平衡。

第十章 项目进行中的运营团队——案例研究

团队合作

萨维尔更倾向于选择精简而灵活的团队。但事实上，从员工接受度和管理层意见上看，较大规模的全机构团队才是最适合COSI的模式。团队成员能各有所长、相互辅助也十分重要。在处理团队矛盾问题上，项目经理需要发挥重要作用，也就是说需要"在问题形成僵局之前做出预判"。萨维尔认为回顾项目的基础原则十分重要，可以使团队更加专注。这些基础原则组成了业绩、预算和进度的铁三角关系。若团队成员在关键事项上延误交付日期，将会导致项目滞后等严重后果，因此团队纪律也是不可忽视的。

项目评估

萨维尔认为让关键员工参与早期项目开发至关重要。他举例如下："向我们的展览技术人员（当互动展品被访客损坏时对展品进行维修的人）寻求他们对展览设计和建造的反馈，这些建议可以帮助设计师和制造商积累经验，既满足客户需要，又照顾到技术人员维护展览的需求，也就是说，展览是用这种按钮组成还是用那种机械开关组成要征询技术人员的意见。技术人员、设计师与制造商三方的想法得到沟通，达成一致，对对方的工作目的有了更进一步的了解和共鸣，三方对项目最终成果的接受度都会提高。当然，实际操作上需要相互迁就，但只要在项目早期就引入并保持这样的沟通机制，产品最终会完成得更好。"关于"能源探索者"的项目评估，COSI按大比例制作了一个展览模型，允许项目团队在开幕前进行调整。总结性评估对教育目的及利益相关者参与度进行了评价。

萨维尔在反思项目管理系统的使用时提到，尽管已有理想模型及操作过程可以借鉴，但具体情况常需要具体分析。他指出，大项目得益于事先制定好的流程，但小项目并不需要这样严格的规定。他在 COSI 工作了十三年，逐渐承担起越来越重要的工作，一直在为提升博物馆教育体验而努力。作为一名经验丰富的科学教育工作者，他主持了 COSI 的许多项目，并为许多领域的外展工作做出了贡献。他将所需的软硬实力用富有智慧的语言描述如下："项目管理是经验科学与艺术之间的平衡。经验科学讲的是遵循已知流程，按照规定程序执行；而艺术是沟通的能力，是坚持项目效果的能力，是联络、掌控各位项目优先事项负责人的能力。这些项目管理的艺术，正是许多项目经理缺乏的软实力。经验科学的部分相对直接……与人打交道才是复杂的开始。"

以上述"能源探索者"项目为例，我们可以看到，COSI 常设展的筹备较为正式，过程十分严格。大型项目的组织也更需要对各种资源和利益相关者群体进行管理。下一个案例研究的是位于华盛顿特区的美国国家建筑博物馆的夏季街区派对装置展，展示了该馆在尝试新展览主题时迭代过程的相关研究。

美国国家建筑博物馆的夏季街区派对装置展

美国国家建筑博物馆的使命是"通过教育使大众了解建筑环境对其生活的影响，以提高建筑环境的质量"。博物馆自 1985 年起向公众开放，提供一系列关于建筑环境相关主题的常设展和临时展。该博物馆虽受私人管理，但其建筑归属美国联邦政府所有，是一座位于华盛顿市中心的 19 世纪历史风貌建筑。该馆约有 70 名工作人员负责博物馆管理工作及项目运营，年度预算为

800万至900万美元。该馆在当地社区及美国国内地位崇高、广受尊敬。在馆长蔡斯·林德的带领下,博物馆举办了诸多展览,开展了多种以社区为重点的项目。值得一提的是,博物馆围绕环境可持续性举办了一系列主题展览和教育活动。这些努力得到了公众的积极响应和各方的资金支持。

2012年夏季,该博物馆开始着手一个创新特展项目,旨在促进社区共融,发展和吸纳新观众。自2012年起至2016年间的五个夏季开展了五次特展,效果不同凡响。以下案例研究基于对夏季街区派对装置展项目总监、美国国家建筑博物馆展览及藏品部副主任凯西·弗兰克尔(Cathy Frankel)的访谈[3]。弗兰克尔自1999年以来一直在美国国家建筑博物馆工作,承担策展、藏品和展览部门的管理监督工作。在任职该馆之前,她拥有博物馆教育方面的学历及艺术博物馆展览管理的丰富经验。夏季街区派对展因吸引了大量观众而被视为博物馆界的"轰动展"。展览与知名建筑师联手打造,2012年及2013年展出由华盛顿地区一流的建筑师、景观设计师和承包商共同创作的"迷你高尔夫"(*Mini-Golf*);2014年展出由丹麦BIG建筑师事务所(Bjarke Ingels Group)创作的"大迷宫"(*The BIG Maze*);2015年展出由美国著名设计团队Snarkitecture带来的装置艺术展"海滩"(*The Beach*);2016年由景观设计事务所JCFO(James Corner Field Operation)打造"冰山"(*Icebergs*)一展,该设计公司以纽约高线公园(High Line Park)项目而闻名。每个展览在设计时便设定为短期项目,展期不超过三个月。后三个展均设在博物馆广阔的大厅内,这一空间以最高点来测算为316英尺×116英尺×159英尺。

项目管理

博物馆主要职能部门负责管理项目，策展人员负责统领展览。该馆每年举办 3—5 场展览，展览主题由策展人员与执行馆长头脑风暴得出。就夏季项目而言，过程更加精简、更具实验性。夏季街区派对装置展的目标是打造一个社区空间或"城市广场"。这些临时展侧重于建筑设计及建筑材料，发挥了装置艺术的特色，开发了馆内大厅空间的新用法，尤其利用了从博物馆上层阳台向下俯瞰的新视角。这些装置背后的内涵和体验是展览的一个关键部分。在挖掘、开发这些想法的时候，博物馆便邀请了建筑公司一起合作。这个阶段并没有公开竞标，博物馆选择的是已有合作关系的公司。博物馆希望展览主题易于搭建（能在三周左右完成）、预算较低。博物馆的木工大师是一个关键决策者。展览一旦完成并对外开放，游客服务部的工作人员就需要在管理访客流、门票销售及游客帮助信息方面做足功课、担起责任。展览期间，博物馆会聘请兼职工作人员协助进行票务和人群控制的工作。核心团队包括弗兰克尔、她的团队及游客服务办公室的工作人员。博物馆负责教育的工作人员也在初期加入项目，设计相关的公共活动方案。策展人为教学做出了贡献，开发人员和行政人员也参与其中。夏季展览项目的操作过程与其他展览相比不那么正式。设计规划包含了迭代方法，由建筑师负责提出最合理且最经济的解决方案。项目执行于初夏，搭建大约需要消耗三周时间。夏季项目与长期展览不同，没有正式的阶段性评估，由弗兰克尔定期向高层及理事会报告为准。夏季项目类似于剧场布景设计，加上许多志愿者的无偿加入及大量捐赠物品，成本可低至 3 万美元。资金是短期项目的重要影响因素。该馆于 2015 年在

Kickstarter 网站上为"海滩"展览发起募资。他们还与当地餐厅合作，在大厅展区内提供简餐服务。

项目成果

所有夏季项目均为博物馆赚到了钱，增加了参观人数，并使参观群体更多样化。在社交媒体和主流媒体上，夏季项目也得到了大力推广。2015年"海滩"展的访客数量高达183 000人。先锋建筑师吸引了新的参观群体。伴随着成功，项目团队更加雄心勃勃，成本也水涨船高。尽管如此，博物馆仍握有净收益。许多首次到访并参观了馆内其他展览的新观众成了博物馆会员。

项目评估

对夏季展览项目的评估主要针对规划、成本及员工影响等。每个夏季项目都为来年提供了宝贵的经验。举例而言，博物馆认识到需要在设计方面掌握更多主动权，需要为规划团队增加一名客服代表。了解观众的态度和期望十分重要，尤其对于新项目而言。地毯磨损和展览照明的问题也是闭展后需要重点关注的。博物馆还需为夏季项目的费用成本设定上限。这一模式已经获得成功，在这个时间点上，博物馆必须决定是否按年度继续执行。2017—2018年度战略规划中包括了一项名为"拥抱创新"的重要行动，目标是将夏季街区派对装置展发展为"博物馆圈内的创新平台"。将夏季特展项目纳入年度计划是博物馆增加工作重心的重要标志，希望在新年度能更有效地利用合作伙伴关系，并在投入资源之前确保对项目进行适当评估。

与美国国家建筑博物馆的临时展或科学与工业中心的大型常设展不同，"足迹：漫步历史世代间"代表了魁北克北部一个小型社区文化中心的工作。这个项目费时费力，却有一支小而多样的团队，且大部分人都是新手，这让研究整个项目非常有趣。在下面介绍的克里族文化研究所项目中，许多小型初创博物馆将对可能碰到的一些挑战有更深入的了解。

克里族文化研究所的特别展览

克里族文化研究所（以下简称 ACCI）位于加拿大魁北克省北部的社区（Ouje-Bougoumou），作为 Eeyou Istchee 克里族的区域文化中心，于 2011 年向公众开放。研究所包括了博物馆、图书馆和档案馆，建筑造价 1 580 万加元，由加拿大著名建筑师道格拉斯·卡迪纳尔（Douglas Cardinal）操刀设计。博物馆建筑面积为 1.8 万平方英尺，容纳了 700 件藏品。研究所由理事会进行管理，并得到社区基金会的大力支持，也正是该基金会为研究所新址振臂高呼，筹措资金。研究所目前有 12 名全职员工。"詹姆斯湾克里族原住民通过游猎、捕鱼、诱捕等方式与土地产生联结，并始终敬畏这片他们生存了七千年的土地"，ACCI 的使命与宗旨便是"成为克里文化在现世绵长的延续和象征，以留存、传承这样的故事、传说、音乐、图片和历史物品"。[4]

担任研究所藏品与展览协调员的劳拉·菲利普斯（Laura Phillips）自 2014 年起一直在 ACCI 工作。从 2015 年末起，她的工作主要围绕 2017 年开幕的新展览"足迹：漫步历史世代间"展开。展览面积达 2 000 平方英尺，结合博物馆馆藏，并借用了部分克里族社区成员的私人藏品，展示了克里族的文化历史。该展已制定巡展计划，将在土地面积 2 156 平方英里的北魁北克 Eeyou Istchee 地区 10 个克里族社区开启巡回展览，并于 2019 年春季在加拿大国家历史博物馆作为特展展出。该展服务于博物馆战略规划的中心目标,"既要传播克里族文化的内涵,也要传播克里族文化的发展"。该展展出了克里族文化的关键文物,项目也包含了部分教育性的互动活动。这次展览以其独特的文化魅力和体验在加拿大南部进行巡展,宣传克里族文化,并从策展人的角度来解读克里族的生活和文化,这也是展览的主要目的之一。[5]

项目管理

该项目没有正式的任务书,但项目经理菲利普斯创建了一个13页的模板文件,概述了核心团队和外围小组的角色和职责,列明了项目的所有关键活动和截止日期。菲利普斯与团队共享这份文件,并以此为基础撰写了递交给加拿大政府授权机构加拿大遗产基金会(Heritage Canada)的季度报告。她认为这份文件在项目设置初期十分重要,划定了团队成员的角色分工,明确了与承包商合作的相关事宜。该项目的预算为33万加元,其中20万来自于加拿大遗产基金会。初步资金主要用于常设展览,巡展及特别互动项目的资金则需要后期逐步落实。

项目团队

项目团队规模较小,由来自ACCI的工作人员与奇萨斯比(Chisasibi)地区的另一个社区文化中心合作组成。该社区文化中心也是新成立的,两家机构一直在相互学习中逐步推进工作。该项目是ACCI出品的第一个巡回展,对于各方来说都是新手上路。核心团队由项目经理、一名内部策展人、一名文物修复员、一名外部策展人及5名奇萨斯比文化中心的工作人员组成。策展人和奇萨斯比团队负责内容研究、鉴定展览文物和档案材料、展览内容设计的品控、文化类知识的准备及监督展览翻译的进展。一家签约的设计公司虽基本远程办公,但在项目完成中发挥重要作用。尽管挑战不断，菲利普斯还是对团队表示赞赏，对团队产出的创新项目管理方式感到骄傲。

项目监督

项目团队定期召开碰头会，与 ACCI 执行董事和其他利益相关者共享项目信息。项目过程中有各式各样的调整和变化，员工离职、休假影响项目进度，需要做出适当调整。团队成员间及团队与外部设计师的沟通稍有滞后也会对进度产生影响。关键时间点前出现员工离职或休假的情况，工作就落到项目经理身上。菲利普斯不得不接手一些尚未分配具体经办人的工作，例如租赁谈判、版权及复制品的相关问题等。出现这样的情况则不可避免地需要对项目时间表进行修改。回顾项目总体情况，或许应该将弹性时间加入日程表中，以应对意料之外的延误。

展览原定于 2016 年 11 月开幕，进度调整后于 2017 年 1 月正式对外开放。团队不希望因为赶工而失去充分学习的机会，而从项目中充分学习管理经验也是该项目的关键成果之一。另一个导致延迟的原因是文字板的制作及以三种语言（英语、法语和克里语）提供展览信息的需要。校对所需的时间比预期的更久，应该在时间安排上预留更充分的时间。菲利普斯所述的另一个挑战是与常驻渥太华的设计师通过远程电话会议建立有效沟通。设计公司使用分包商来处理图像设计的工作，给团队增添了一位新成员，有时交流不畅，未能明确工作内容。反思项目过程，团队认为应预估项目参与方的数量，理清各方对设计过程、反馈过程和诸多会议中的参与度等。与分包商直接沟通时，应明确需求、说清问题，这一点至关重要。另外，团队没有意识到对设计师的选择会对后期项目赶工印刷和安装产生影响。

团队面临的挑战还包括，需要针对偏远社区的展览要求对展览进行定制和调整，比如 Whapmagoostui 社区只能通过飞机或驳船（仅限夏季）到达。由于其他文化中心较为偏远，沟通不易，某些地区有时会出现持续停电的情况，或者当地团队的成员没有便携式通讯设备，或网络连接速度慢，无法顺利进行 Skype 视频会议等等。目前的解决方案是利用 Facebook 通讯，与社区成员、内容开发小组保持沟通，并汇报筹备进展。另一个困难点出现在 2016 年 10 月，主要策展人在展览布置的关键时间点上离职，需要更多 ACCI 员工补充到项目中，同时也加重了外部策展人的工作。尽管项目有许多诸如此类的意外和困难，但菲利普斯对团队投入项目的热忱及创意感到兴奋和自豪。她称赞团队成员善于解决问题，迎接挑战，尤其在为展览匹配展品和图片方面十分出色。

项目评估

与许多类似项目一样，ACCI 在 2014 年申请项目经费时就开展了项目评估。项目主要有三大目标：

1. 在核心团队成员间共享展览开发过程前后的对比分析。作为一个新兴的机构，学习是一个重要目标。
2. 完善藏品归档，争取发现更多包括口述史在内的历史文化材料，并确保将新增信息添加到便于访问的藏品管理数据库中。数据库可参考业内案例进行选择。
3. 加拿大克里族文化及传统在本社区及加拿大国内的宣传和认识。展览开幕前及开幕后的观众评价也包括在内。

在增加观众方面，菲利普斯认为尽管博物馆位置较为偏远，但应该能吸引来不少参观者。北魁北克地区目前正在推行吸引游客的相关政策，采用有效营销鼓励来自加拿大其他地区的旅客前来观光。展览也针对魁北克省首府重新规划了展览内容，设计了巡回海报。

菲利普斯在回顾项目时提到了一些经验教训：
1. 与一家初创博物馆、文化中心合作时需要注意（可能对任何伙伴关系都是如此）：从项目初期讨论合作条款的时候，就要保持深度顺畅的沟通。对于初创公司而言，对自己预期的成果解释得越清晰，就越少走弯路；解释得越明确，从各方面获得的理解就越充分。
2. 通常对文化机构而言，授权有限，但此次却给予了特殊授权，使展览变得相对简单。我们所面临的挑战是，作为社区文化的中心，我们的展览内容必须平等地代表这些克里族社区。Eeyou Istchee 的 10 个社区虽同属克里族群，但在方言等文化方面仍存在许多差异。
3. 有限的项目资金使我们必须贴紧预设指标和项目规模，任何没有预算覆盖的内容只能推迟到第二期项目中。二期项目我们也单独申请了资金。

在 ACCI 工作之前，菲利普斯曾在迈阿密海滩的沃尔夫索尼亚博物馆（Wolfsonian Museum in Miami Beach）和卡塔尔纪念馆（Qatar Museums）工作过，负责藏品管理及文件归档系统。她擅长藏品管理、藏品信息管理、博物馆文件归档等，对研究新博物馆实践、吸纳新观众及新兴市场中的博物馆专业人士十分感兴趣。这份工作让她接触到不同类型的藏品、新兴博物馆和一些文化敏感问题。在谈到应对博物馆挑战与变化时，菲利普斯认为,"坚持不懈、富有创意和幽默感、能够简化复杂概念并将其解释给非专业者的能力、好记性、善于用人、及时止损"是成为一位成功的项目经理的必备特质。

与展览发展与时俱进的还有博物馆的教育功能。教育功能可以是独立的教育课程,也可以是导览项目、手机应用程序、网页项目,或者是博物馆项目的交互展示。以下案例研究介绍的是西雅图飞行博物馆(Museum of Flight)的交互式飞行模拟器项目,他们愿意与全国其他博物馆分享其在观众互动方面所做的努力。

飞行博物馆的模拟器项目

位于华盛顿州西雅图的飞行博物馆是重要的航空博物馆之一,它的使命是"获得、保存和展示具有历史意义的航空航天器,为学术研究及终身学习提供良好平台,鼓励对科学、科技和人文产生更深厚的兴趣和更深入的理解"。该博物馆有186名工作人员,并有众多飞机修复、电器、金属加工和木材加工方面的专业人士担任志愿讲解员。飞行博物馆是世界上最大的非营利性飞行类博物馆,每年接待超过50万名参观者,运营预算为1 600万美元。[6]

每年博物馆都会运营大大小小各种项目。在与我交谈时,项目经理里克·哈丁(Rick Hardin)表示,他全年需要负责3—4个大型项目和许多小项目。博物馆的所有官方项目都服务于博物馆的使命,努力在社区中营造善意的氛围,有些项目侧重创收。航空学习中心(Aviation Learning Center,简称ALC)符合博物馆的宗旨,模拟了飞行体验,是馆内备受欢迎的互动实践学习中心。飞行模拟项目旨在与合作伙伴及其他博物馆分享展览成果，这同时也是飞行博物馆利用自身专业知识，与其他教育机构沟通交流的良好机会。博物馆致力于在有限的预算内提供最优质的展览服务，飞行模拟项目的收入将继续投入博物馆的其他教育项目当中。博物馆也希望能与其他机构建立合作伙伴关系，共享展览经验，不断提高服务质量。

航空学习中心是博物馆战略规划的重要部分。哈丁表示，ALC项目已写入他们的三年计划中，"内容较为详实，已有明确的项目范围、详细的预算和计划开放时间"。尽管已有详尽规划，"我们仍欢迎创意和灵感，如果有好主意或好机会出现，现有的规划仍然可以做出相应调整"。

项目管理方法

飞行博物馆不使用正式的任务书，但上线新项目之前的决策过程十分周密。他们使用 Smartsheet 软件做进度安排、成本估算和预算跟踪。员工通常也使用 Excel 软件，但功能较为局限。由于航空学习中心项目是创收项目，因此在执行过程中没有募资的程序。项目团队包括一名项目经理（哈丁）及几位教育和技术人员，共同探讨项目目标，并在执行过程中与合作方的工作人员进行联系。航空学习中心飞行模拟器复制品的制造交由承包商负责。哈丁认为，"1∶1全尺寸复原的飞机模型为学生提供了更真实的体验，增强了模拟效果，这也是项目成功的关键"。

航空学习中心的项目团队每月开一次例会，项目经理与教育专员每周开一次例会。模拟复制品安装期间，每周均召开碰头会。哈丁每周会向高层通报项目进展情况，并每半月上报项目简报一份。项目也存在调整和变动的情况，哈丁在报送预算的时候就考虑到了这一点，因此保留了一些调整的余地。

团队活力

哈丁讲述了他与团队的合作理念：

> 我热爱沟通，对自己所做的事情保持开放的态度，在项目过程中我会让所有的利益相关者参与进来。我发现如果所有受到项目影响的人都清楚项目过程，执行起来矛盾会减少很多。如果确实发生了冲突（总会出现），我会再次尝试去沟通、解决。我会尽量避免独断地给出解决方案，而是让大家聚在一起讨论，直到达成一致。即使我已确定项目运作的方法，其他拥有不同视角的人也可能拥有更好的解决方案。不沟通怎么会知道呢。充分沟通可以让人们享受自己所拥有的权利，使他们理解项目进展，感受自身对项目成功做出的贡献。根据我的经验，巩固团队并让每位成员步调一致需要很长的一段时间来磨合和适应。

在评论项目经理的角色时，哈丁认为其成功归功于三种能力：（1）卓越的沟通能力（包括倾听）；（2）良好的组织能力及灵活的工作态度；（3）对项目的成败承担责任。

哈丁于2013年加入飞行博物馆，担任新成立的项目经理一职，负责航空学习中心升级的工作。同时哈丁也管理其他大型项目，其中涉及场馆设施、教育和展览部门。哈丁为飞行博物馆带来了超过25年的关于商展及博物馆展览建设的项目经验。[7]

博物馆建筑工程项目

博物馆常有建筑工程项目，有些项目甚至会持续多年。以下案例研究介绍了一大一小两个规模不同的博物馆建筑工程，揭示了项目推进、战略规划、人员调配、社会责任及成果方面的许多相似之处。工程的规模、成本和承诺交付时间各不相同，项目经理也存在显着差异。丹佛自然与科学博物馆（Denver Museum of Nature & Science）的大型工程选择了一位值得信赖的内部员工担任项目经理，且选择设备主管作为"团队队长"。本宁顿博物馆（Bennington Museum）的小工程购买了设计公司兼建筑公司的服务，雇佣其作为项目经理，与博物馆馆长保持密切合作。当客户没有丰富经验或有其他优先项目时，选择一名外部顾问来管理项目是一个好的选择。外部公司可以帮助博物馆选择最好的承包商、提供初始预算，更重要的是，当博物馆执行至工程关键节点时，可以为博物馆提供建议。本章提到的两个项目都表达了这样的观点。

丹佛自然与科学博物馆教育中心及藏品保管库

经过六年的规划、设计和施工，丹佛自然与科学博物馆于2014年开设了新的教育中心及藏品保管库。自1908年开馆以来，该博物馆经历了多次扩建。全新的教育中心及藏品保管库投入了5 660万美元，面积多达12.6万平方英尺，是在博物馆馆长兼首席执行官乔治·斯帕克斯（George Sparks）领导下制定的新战略规划的重要组成部分。该扩建项目被认为是设计和规划方法的典范，不但新设了现代馆藏保护设施，而且新增了举办教育项目、承接临展的场所。新建筑获得了包括2017年中大西洋博物馆协会国家建筑奖等在内的大量奖项。案例研究以此扩建工程的项目管理为切入点，基于对主要项目人员的访谈——包括项目经理佩吉·戴（Peggy Day）、现已退休的设备主管伊莱恩·哈金斯（Elaine Harkins）及藏品运营部主任凯丽·托马克（Kelly Tomajko）。重要的是，该项目按时完工，几乎按照预算要求完成（仅超过约6 000美元）。这对于重大建筑工程而言实属不易。[8]

项目起因

2005年，在制定新的博物馆战略规划的时候，全馆共有49个相互独立的储藏空间用于保存藏品。这是一所大型博物馆（2016年博物馆由400名员工组成，有1 800名志愿者，运营预算接近4 000万美元），具有许多相互矛盾的需求和兴趣。幸运的是，新的战略规划强调了藏品管理的重要性，并决定紧跟科学类教育项目的行业标准。博物馆员工开始对标同类机构，寻求解决方案。由此提出了建设新藏品保管库和教育中心的规划方案，进一步推动了向地方和国家提交债券方案的做法。该提案被市议会采纳，由选民在2007年11月批准并发行了7 000万美元的文化建设债券，其中3 000万美元用于该项目的建设。多年来，丹佛市在文化设施方面投入了大量资源，体现了强大的社区协作能力和联系。

项目规划

2008年，核心团队创建了项目任务书和开发流程，获得了博物馆的高层和理事会的批准。任务书中包含了项目概述、项目目标、包括 STEM 教育项目认证的需求声明、参观设施、技术设施以及藏品保管和访问系统。任务书还明确了预期观众群体及内部员工用户群体，并列出了大致时间进度表，也提出了节能目标，确定了藏品保管库和教育中心的空间需求。它进一步明确了资金需求、需要额外考虑的问题、核心团队构建、运营指南及初步进度时间线。这些内容全面地覆盖了此等规模项目中的典型要素。任务书还囊括了一套运营操作指南，承诺遵守项目管理纪律，并指派一个小型核心团队负责按时在预算内交付工程。

项目团队

核心团队由来自教育、展览、馆藏、可持续性、技术和设备部门的工作人员，一位资深团队领导人及一位项目经理组成。这样的架构代表了所有主要利益相关者、专家和资深员工的利益。这个团队紧密合作了六年，尽管团队成员发生了一定的调整（教育和技术部门的人事变更），但项目仍在按计划进行。幸运的是，该项目拥有可以支撑关键团队成员的资金，这是该项目顺利进行的重要因素，这些资金可以保证团队将全部时间投入该优先项目当中。该团队还得到了许多外部顾问在建筑设计、工程、成本估算、空间规划、施工、LEED 认证、安全、展览设计和内部系统调试等各方面的支持，这对项目至关重要。

项目进度

该项目可分为战略讨论阶段、可行性讨论阶段、概念开发阶段、设计阶段、施工文件筹备阶段、获批阶段、实际施工阶段、安装后阶段。团队使用 Microsoft Excel 标记开发过程，并形成项目进程文档，根据需要进行更新。该文档内容包括责任团队成员、决策点和关键时间节点、高层审查及其他关键时间点。团队根据不同子项目（如设施、可持续性、运营、技术和筹款等）再分为小组进行工作。早期规划阶段大约持续了两年。该工程于2011年破土动工，并于2014年2月向公众开放。

项目资金

项目资金包括该市发行的3 000万美元债券，及从基金会、政府机构、个人和公司募捐到的钱款。感谢这些慷慨的捐助，博物馆得以在向公众开放之前获得施工所需的5 600万美元。除用在建筑方面的5 650万美元外，博物馆还获得了博物馆与图书馆服务协会、美国国家人文基金会和美国国家科学基金会（National Science Foundation）的联邦教育拨款，以帮助建立藏品保管系统。此外，两个基金会为该项目做出了重要贡献，阿韦尼尔基金会（Avenir Foundation）提供资金为建筑冠名为阿韦尼尔藏品中心（Avenir Collection Center）及阿韦尼尔保管中心（Avenir Conversation Center），并赞助设立了一位保管员的职位。而摩格里奇家族基金会（Morgridge Family Foundation）为家庭学习中心提供资金支持。项目工作人员指出，"由于财务方法相对保守，博物馆没有经历任何与项目有关的财务困难，实际上，该项目直至完成都未产生债务"。

建成的大楼同时服务于教育和藏品保存、访问的功能。五层楼中，三层用于教育功能及承接特展，两层专门用于藏品保管，包括库房、加工区、办公区、志愿者活动区、研究室和存储空间。探索区、科学学习工坊和灵活的临展空间极大地提高了博物馆提供优质教育项目的能力。自开放以来，博物馆的参观人数不断增加，在2016年达到了170万。

从员工和公众的角度来看，该项目取得了巨大成功。博物馆的内部利益相关者，尤其是研究人员和藏品管理人员都非常激动。安全、清洁、空气质量、防洪、安保等各方面的水平都大大提高，先进的藏品保存系统和装备等都是精心规划的结果。在我的采访当中，团队成员一致同意的观点是，他们深受信任，可为扩建项目做出正确的决定。拥有这样高级别的决策权决定了对最终项目的自豪和对设计质量的信心。

团队亮点

接受采访的团队成员都谈到了小而灵活的团队的价值：一位具有博物馆运营经验并令人尊重的项目经理的重要性、团队中存在功能倡导者的必要性、与外部顾问和合作伙伴进行联系的业主代表（博物馆工程部主任哈金斯）的重要性。他们还强调，管理层应依赖几位核心团队成员作为运营和预算的决策机构，他们有权优先考虑设计决策。团队成员认为该项目是领域内的典范。他们也承认项目存在一些延误，例如在问题清单得到批复之后应立刻进行额外资金的募集工作，并安排制作储存柜等。

关于管理这样一个拥有众多参与者的大型项目，其复杂性及社区期望的部分，可以听取核心团队成员的一些具体反馈。一些经验丰富的工作人员参与到该项目中，带来了多年的经验。该项目的团队"队长"伊莱恩·哈金斯在该博物馆工作了27年，完成了许多施工项目。她的经历与项目经理佩吉·戴不相上下，后者在博物馆工作了31年。内部和外部的沟通都靠这二位来处理。哈金斯（近期从博物馆退休）聘请了一位资金项目经理来协助管理其他债券资助的项目。这位资金项目经理在该项目基础设施与城市系统接轨的过程中还担任与市政厅进行协调的角色。作为业主代表，哈金斯负责协调设计和施工，与外部承包商和顾问进行沟通。在设计和建造这个扩建项目的过程中，她代表了博物馆的声音，在协调教育、项目、展览和藏品保管等各方需求的同时，兼顾能耗和可持续设计元素的总体目标。

团队沟通

在设计阶段，团队会议每周召开一次。在决定设计终稿的过程中，在结束原理图设计后，团队雇佣了一位施工管理总承包商协助对实际成本进行估算，大大推动了项目进程。当时碰到的一个困难是，最初的建筑设计师在做关键决策的时间节点上参与度大大降低，这或可通过明确原始合同条款进行规避。哈金斯成功地完成了她的工作，她了解如何阅读合同文件及施工图纸，始终鞭策和确保承包商完成项目。该项目尽管在进度上落后了六个月，却仍然能够做到按时开放。也因为这样的延迟，新场所的磨合、调整的时间也缩短了许多。

哈金斯认为，从项目管理中得到的经验教训就是"变化总是会发生"，要为此做好准备。在这个项目中，教育和技术部门的人事变动确实影响了一些设计决策。正如哈金斯所说，每个人都理解项目的价值，所以失去一个关键人物不会打乱计划的实施。另一个教训是，需请LEED设计的专家来确定新建筑是否符合认证要求。在新馆开放后委派专家进行调整等动作是大型项目的典型做法，藏品保管区的湿度水平也需要请专人不断调试。

凯丽·托马克在研究和藏品部门工作了19年，是核心团队的主要成员，也是藏品保护系统的倡导者。她的职责是确保做出有关藏品保管、存储、工作人员和志愿者的正确决定。新藏品保管库的落成实现了该馆长期储藏的目标。2004年博物馆启动了藏品规划、藏品风险评估及藏品空间分析的相关活动。在快节奏的设计和施工过程之前,生成较为完善的计划和数据是阿韦尼尔藏品中心成功的关键。项目亮点包括减少水体渗漏、分隔建筑系统和藏品体系、分隔清洁和污染活动、分隔工作和存储空间,开辟清洁和安全的同心区域;囊括健康和安全设备,如通风橱和应急喷淋装置。托马克也得到了她所在部门的全力支持,使她可以投入所需的时间来操持扩建项目。她在核心团队的工作是一个很好的机会,可以参与运营决策和预算优先事项的决策中。她还与其部门团队共享决策选择,来研究和测试不同想法。这是从中层领导项目的好例子,员工可以参与到关键决策的制定当中。回顾项目,托马克指出,他们获得了想要的一切结果。这便是一个成功项目的见证!她成功为家具、固定装置、设备申请了一笔1 000万美元的资金,并主持了藏品搬迁。她目前负责运营这座世界领先的藏品保管库,并将持续为机构和环境的可持续发展而不断学习。

项目经理的一些观点

丹佛自然与科学博物馆在如展览和建筑工程等主要项目中使用项目管理方法。扩建项目经理佩吉·戴在博物馆市场营销方面拥有丰富的经验,这使她具备了良好的跨功能组织能力。这也是高层选择她担任项目经理的原因。她在丹佛自然与科学博物馆工作了三十多年,目前是战略项目的负责人。她在博物馆担任过许多职务,包括产品开发、市场营销、社区关系、资金和债券选择以及新的教育中心和藏品保管库的管理工作。在扩建项目管理方面,她领导内部团队从规划到搬迁,从项目征求意见书开始,到合同、项目进度表、预算、审批的落实,城市合规和内部沟通的完成,全程跟踪负责。她的职责还包括建立内部核心团队,创建项目进度表，处理丹佛市 3 000 万美元债券融资的合规性，定期与团队、建筑师和承包商进行会议。随着博物馆进入施工阶段，她的工作转移到通过团队合作，对项目进行监管上。戴也提到团队中关键教育和技术人员的变动，以及对进度表和施工计划的调整。如第六章所述，他们对"资源平衡"的需求包括聘请顾问协助新馆的技术部分。调整预算是一个现实决策，这往往意味着对范围、系统类型或材料在价值工程学上的调整，以确保不超出预算目标。

沟通和项目监管是戴的工作的重要组成部分。她没有使用任何复杂的软件来监控项目和更新数据。这主要是因为与团队和其他利益相关者共享信息需要一个"简单的系统"。她表示"重要的是展示和理解"。对于博物馆来说，这几乎是最好的解决方案了。为了与更多员工共享信息，她会在全体员工会议更新项目情况，也常向高层、受托人及市议会报告项目进展。

尽管如前所述，该项目在设备进入新馆以便提前测试技术、安全和其他系统方面产生了一些迟滞，但它仍按照原定日期按时开放。

项目评估

戴表示，博物馆在项目结束时进行了全面且正式的评估工作。与大多数项目一样，该项目团队的成员已经投入持续运营或者其他项目当中。"虽然没有对员工和公众进行正式评估，但团队一直在进行调整，以确保系统和流程有效运作。"他们的经验也呼应了本书采访的许多其他博物馆的案例。

并非所有博物馆的建设工程项目都如丹佛自然与科学博物馆一样详细和耗时，但可以明确的是任何建设工程都将成为工作人员、理事会成员、会员和社区关注的焦点。各个类型的博物馆都会经历翻新、新建或基础设施重大改造的过程，以更好地实现其使命，保护其藏品和服务公众。以下案例研究由本宁顿博物馆的前任馆长史蒂文·米勒（Steven Miller）撰写，介绍了他在进行必要的改造和扩建工作以改善设施管理和博物馆项目方面的经验。

本宁顿博物馆的改造和扩建项目

本宁顿博物馆位于佛蒙特州本宁顿，是当地一所地区历史和艺术博物馆。这座约有1.6万人的小镇位于佛蒙特州的西南角，因此博物馆囊括了附近的纽约州和马萨诸塞州部分地区的历史和当代艺术。该博物馆的历史可以追溯到1852年的本宁顿历史学会（Bennington Historical Society），该学会在20世纪20年代接管了废弃的石头教堂，这便是如今的博物馆馆址所在地。随着时间的推移，它逐渐发展成为一个更大的综合体，以满足其日益增长的收藏和展览需求。到20世纪末，展览逐渐增多，藏品储存空间已满，公众项目空间不足，基础设施急需改善。如果博物馆要迎接新的挑战，不拖延，不倒退，就必须进行建筑改造。

当我（米勒）于1995年被聘为执行馆长时，便开始重新考虑博物馆的运营和公共项目规划的至关重要性。幸运的是，该馆长期以来一直受到本地人的喜爱，秋季又是佛蒙特州的旅游旺季，这些都是本馆核心使命要素的基础。博物馆存在的原因无需改变。藏品非常优秀，虽然在一些领域需要进行调整，但没有理由拒绝藏品维护和藏品管理，因为这方面表现得非常优秀。难点在于博物馆如何提供展览和组织活动。项目本身很受欢迎，但通常都是被硬塞进非展览用途的空间里，也没有足够的空间容纳观众。

为了做好改进工作，我起草了一份战略规划。这份规划的基础是对观众的模拟观察，即模拟了观众从抵达到离开的全过程。参与的工作人员包括大楼经理、藏品经理、前台经理及商店经理。方案提交后，信托委员会直接批准，没有任何改动。在涉及建筑本体时，规划要求进行翻新和扩建，用于：(1)提供专门的承接公共项目空间；(2)改善画廊使用率，提高游客流通率；(3)扩大和改善藏品储存空间；(4)对建筑进行修缮，如扩大销售商店面积，并将摩西奶奶校舍（Grandma Moses Schoolhouse）与博物馆联通，以便在冬季使用；(5)升级暖风空调等基础设施；(6)改善博物馆的无障碍通道，使其适合残障人士使用。

考虑到本宁顿将建造的绕行高速公路，对公共项目空间的强调尤为重要。我估计这会减少30%的"路过式观众"。这正是绕道后发生的事情，城镇交通大幅减少。幸运的是，其他观众的到来弥补了观众人数的损失，其中包括美国陶器、拼布被和家具领域的收藏家。该博物馆拥有该镇出产的19世纪本宁顿陶器的最佳藏品。被子的藏品量虽小，却拥有全国最著名的历史棉被之一。简·斯蒂考拼布被（Jane Stickle Quilt）是由一群女性在南北战争期间完成的，她们的名字和个人笔记留在了她们缝制的每一件作品上。博物馆的家具系列被誉为任何博物馆中同类产品中最好的地区之一。

项目概况

翻新工程占地约6 000平方英尺。扩建建筑面积约为1.5万平方英尺，总费用为220万美元（筹集到了额外的40万美元以增加捐赠）。设计过程相当迅速。设计公司在四个月内完成设计，并由理事会批准。由于该地区是农村地区，许可很容易获得，因此需要遵循的城镇或当地建筑要求较少。承包商相对轻松地满足了当地的环境法律法规。这是一个没有工会的工作，但博物馆仍然保证了工资的足额支付。需要九个月的时间完成建设。

当参与大型建筑项目时，原有（而非新建）博物馆通常有两种选择：在施工期间关闭或保持开放。两者有利有弊，因为两者都有不良后果，所以两者都不可取。闭馆可能对被解雇的员工产生负面影响。它还会停止公众参与实践，重新开馆后挽回已经失去的观众可能需要一些时间。对于那些不得不在施工现场出出进进的工作人员来说，保持场馆开放是很困难的。本宁顿博物馆在建设项目期间仍然开放。

利益相关者

除了本宁顿博物馆所服务的社区以及该项目的一些主要财政捐助者之外，没有其他具体的利益相关者。该社区由不同的受众组成，包括当地居民、佛蒙特州的居民、纽约和马萨诸塞州附近地区的游客，以及对早期美国家具、美国陶瓷、美国地区艺术和拼布被感兴趣的收藏家。在项目期间，我指定的主要利益相关团体包括当地承包商，即管道、电气、暖风空调、建筑、施工等方面的公司。布莱德设计公司（Bread Loaf Corporation，设计和建造该项目的公司）接到指示参加投标，因为它能胜任这一特殊任务。这些公司已经经营了很长时间，而且在很多情况下，员工实际上是博物馆的邻居。一些公司已经熟悉博物馆，曾为此做过相关工作。比如熟悉石板屋顶的屋顶业务。通过扩建和翻新的适当审批，我就与其签订了屋顶修缮合同。这种做法贯穿整个项目，也是我推荐的做法，那些当地公共关系对成功至关重要的小社区博物馆而言尤为适用。

其他利益相关者是以各种重要方式支持该项目的资金捐助者。我为他们安排了私人"安全帽"施工现场导览。在项目暂停施工期间，可以在现场布置一次正式午餐。当被梯子和脚手架、成堆的木材、电子碎屑、工具箱和地布包围时，优雅的餐桌和特别的包餐之间的对比很有趣。除导览之旅外，还应利用媒体平台发布项目进展。

团队成员

本宁顿博物馆信托委员会的一位成员是信托联络人。事实证明这非常有用，因为有时受托人会更多地听取彼此的意见，而不是工作人员的意见。虽然我已经设计了翻新和扩建计划，并且在整个项目期间是博物馆的重点人物，但我仍与受托人保持良好且富有成效的联络。来自布莱德设计公司的建筑师担任项目经理。一些工作人员对项目的成功至关重要，其中包括大楼经理和藏品经理。前者是与承包商密切合作的人，因为他比其他人都了解博物馆的内部运作。藏品经理在项目扩建期间对藏品的存储做出了极大贡献。

会议频率

博物馆和设计公司每周召开一次会议。在会议上分享信息，并在必要时提高分享频率。博物馆没有使用任何特殊软件来保存记录或其他通讯。所有的会议记录会保留下来，这是得到所有与会者的同意的。布莱德设计公司和博物馆将这些保存在档案中。

项目资金

该项目耗资 220 万美元，理事会和馆长私下筹集了 260 万美元。该活动被视为一项公共筹款活动。受托人和馆长与潜在的主要捐助者会面，一对一地提出邀请。有几个人为募捐做出了重要贡献，我也在适当时间提出了"冠名"的机会和想法。博物馆几十年来没有做过这样的活动，理事会非常愿意参与前景培养过程并寻求支持。最初聘请了一位顾问帮助策划这项募捐活动，但由于受托人同意参与策划，就不需要顾问的服务了。博物馆的支出，主要是支付给设计建造公司预定款项，由博物馆的财务管理员在受托联络人、受托理事会财务主管和我的监督下进行处理。

成果和评估

该项目取得了巨大成功，符合所有预期。公共项目空间不断地投入使用，这有助于扩大社区参与度。社区各不相同，包括当地居民、具有特殊艺术和历史兴趣的人以及游客。无障碍通道的改善产生了明显的有益影响。从结构上讲，该项目似乎没有任何缺点，也没有必要进行重大改动或修正。

经验和教训

1. 大量的博物馆建设和改造项目非常复杂。很少有人理解细节、进程安排或不同部分的大小或性质的不同，这些部分必须结合在一起才能使其全部起作用。除非他们在这些事项上有一些经验，否则博物馆受托人和员工在规划和运作项目时必须特别注意。从实际施工角度来看，项目经理是最重要的关键人物。他或她是客户最常联系的人，串联起了所有现场工作人员。

2. 除非有设计博物馆的经验，否则大多数建筑师都不知道博物馆是如何运作的。他们必须接受训练，了解需要什么样的建筑空间、原因以及它们如何相互关联。适合由适当人选设定初始计划，并不断贯彻落实。建筑师在这方面配合与否都需要反复确认，谨防多个建筑设计项目共同参与，这会模糊责任主体。我建议始终使用同一位建筑师，这样他在整个项目中可以及时响应。

在宣布建筑项目建议时，可以理解并同意这种安排。这是必须严格遵守的。

3. 每一个有目的建造的博物馆在开放的那一天都是完美的，提供了所有预期功能，但第二天它就不再是了。这是一种夸张的说法，说明不同的博物馆人对"他们的"博物馆要求不同。在过去建造本宁顿博物馆时，设计师完成了他们的设计工作。这么多年来，随着博物馆行业标准的升级，博物馆等机构的公共用途大大增加，仅靠一点改动是不够的。随着博物馆工作人员和受托人的到来，博物馆的期望和要求在发生变化，空间需求也在发生变化。例如，1900年，在食品服务和零售业方面，博物馆需求较少，也可能是因为提供这些服务的空间有限。但现如今，饮食设施和餐厅具有高度优先权，反过来又反映在建筑规划中。

4. 需要特别关注项目期间发布的"变更单"，这是可预期的，特别是在进行大规模整修并强调可持续发展的时候。这些变化本身并不表明建筑项目失败或存在重大缺陷。变化总是会发生。除了该项目某个方面需要调整，本宁顿博物馆的扩建工作以模范般的进度完成了。当扩建完工后的第一个冬天到来时，才发现摩西奶奶校舍没有隔热设施。博物馆工作人员、建筑师和施工人员在施工时完全忽略了这一事实。因为校舍现在连接到主要的博物馆建筑群，冬天到来，寒冷的北极空气吹进相邻的展厅，里面冷得不堪设想。不用说，这种疏忽很快得到了纠正！

史蒂文·米勒已经在博物馆行业工作了45年。在他的职业生涯中，他曾担任东北地区多个领先的历史博物馆的策展人、馆长和受托人。1995—2001年，他担任本宁顿博物馆馆长。目前是纽约加里森·博斯科波尔修复公司（Garrison Boscobel Restoration）的执行董事。他爱好写作，做过大量讲座，并开设了各种博物馆学的课程。

小型博物馆的项目管理系统

美国绝大多数博物馆都是小型博物馆，但并不能以小为理由禁止使用项目管理技术。经验丰富的博物馆高层和理事会非常清楚有效管理计划的重要性、确保员工获得培训机会的重要性及具备项目工作领导力的重要性。以下案例研究并非旨在记录具体项目，而旨在记录小型机构最佳实践的应用方式。位于缅因州巴尔港的阿贝博物馆（the Abbe Museum）已经使用了多年的项目管理系统，开发了一套项目模板。位于阿肯色州斯普林代尔的希洛欧扎克历史博物馆（the Shiloh Museum of Ozark History）也为其众多核心项目采纳了项目管理系统。最后，密歇根博物馆协会（the Michigan Museums Association）虽然不是小型博物馆，但却将一个实用的创新方法积极运用到各个层面的项目管理中。其众多成员都来自较小的博物馆。

阿贝博物馆

阿贝博物馆的使命是"激发和加深对瓦班纳基诸民族（the Wabanaki Nations）的了解"，为所有年龄段的人群提供丰富多样的展览和项目，每年接待游客3.3万名。瓦班纳基人积极参与博物馆从策展到政策制定的各个方面。该博物馆设有两个场馆：一个位于阿卡迪亚国家公园内，另一个位于缅因州巴尔港市中心一座翻新的历史性地标建筑内。该馆隶属史密森学会，是国际良知遗址联盟（International Coalition for the Sites of Conscience）的积极成员，也是一个深度参与的社区精神支柱。他们聘请了 30 多名原住民艺术家和示范者，为学校和公众提供各种项目，同时也承担了咨询委员会和内容专家的作用，并在博物馆商店中展示 80 多位原住民艺术家的作品。作为一个非殖民化的博物馆，阿贝与原住民社区共享使用文献和解释的权利。该博物馆拥有 7 名员工，年预算为 100 万美元。[9]

阿贝博物馆的项目管理主要应用于展览和活动上，他们正将项目管理应用到新的战略规划当中。项目经理通常为功能性办公室的负责人，例如部分项目由创意服务部主管出任项目经理。馆长兼首席执行官辛纳姆（Cinnamon Catlin-Legutko）担任项目发起人。博物馆使用模板来组织项目团队的工作，如展览计划模板。这并不是正式的项目任务书，却用于启动项目并确定进度时间表、预算和关键时间节点（见附录 A）。项目团队由经验丰富的人员领导，具有"组织和沟通的能力"。辛纳姆的观点是"沟通是我们团队最薄弱的环节。由于我们馆规模很小，我们通常在锁定目标之后就开始运作和推进，但往往忘记与团队成员互通有无，彼此了解决策和开发"。博物馆使用 Excel 或 Asana 软件，以表格形式创建项目进度表。预算由项目经理制定，由首席执行官批准，并与理事会批准的年度运营计划相结合。

阿贝博物馆的项目团队会召开会议，制定议程，创建工作笔记，遵守进度框架，并确保合适的参会人选。与我采访的其他博物馆一样，该博物馆的员工使用 Google Docs 共享会议记录，也使用在线系统 Asana 更新项目。根据所需的技能，特别是在与新团队成员磨合过渡期间，对工作人员的任务进行项目调整。在预算方面，博物馆严重依赖资金募集，因此"如果我们在一定时间内没有筹集到足够的资金，项目进度就会有所调整"。

阿贝特别关注的是高效有活力的团队。辛纳姆表示，"多年来，我们研究管理大师帕特里克·兰西奥尼的工作，并相信生产性冲突。因此我们预测冲突，并在冲突成为问题之前对其讨论和解决。在管理方面，我们定期与直系上级举行签到会议，并确保有充足时间来讨论问题和疑虑。然而，如果事情过于发酵，我们会私下进行讨论。"[10] 阿贝博物馆一直以自身的高包容度而自豪。此外，我们鼓励员工参加项目管理和领导技能课程，这些课程对他们和项目的成功至关重要。关于团队评估，阿贝有一个用于展览和活动的事后审查模板。无论在何种情况下，团队都将努力为未来项目积累经验教训。

项目管理计划的一个独特方面是理事会运营委员会任务书的制定。任务书详细记录了辛纳姆及理事会委员会认为重要的关键问题，特别是对于这样小型的博物馆而言，理事会和员工日常均保持密切合作的关系，由此这份任务书意义重大。（有关阿贝博物馆的展览计划模板、事后审查及理事会委员会任务书的示例，请参阅附录。）

辛纳姆在博物馆工作了二十多年，自 2001 年以来一直担任博物馆馆长职务。在 2009 年加入阿贝博物馆担任馆长兼首席执行官之前，辛纳姆是印第安纳州克劳福兹维尔的华莱士将军研究院与博物馆（General Lew Wallace Study & Museum）馆长。她也曾担任过缅因州人文委员会和美国博物馆联盟的理事。她是小型博物馆方面的专家,在 2012 年参与编辑了《小型博物馆工具包》(*Small Museum Toolkit*),并于 2017 年修订了《博物馆管理 2.0》(*Museum Administration 2.0*)。

希洛欧扎克历史博物馆

希洛欧扎克历史博物馆成立于 1968 年,是一个由市政出资建造的博物馆,旨在展示阿肯色州欧扎克斯的历史。博物馆位于阿肯色州西北部,这片区域是美国经济发展最快、最繁荣的大都市区之一。博物馆的宗旨是"通过保护资源和提供资源为公众服务,在探索阿肯色州欧扎克斯中寻找意义、享受和获取灵感"。作为一家市政博物馆,阿肯色州斯普林代尔市负责博物馆的管理工作,制定政策和预算的权力归博物馆理事会所有。博物馆有 11 名全职员工和 1 名兼职员工,占地面积 3 英亩,周围被树木环绕。博物馆由 1991 年的博物馆建筑及反映早期希洛社区的七座历史建筑组成。该博物馆收藏了约 50 万件文物,100 万张图片和其他馆藏档案,年运营预算约为 75 万美元。[11]

博物馆规划和项目管理

博物馆馆长艾琳·洛德(Allyn Lord)认为他们的许多活动均为正式项目,包括需要详细时间安排和提前预算申请的员工/理事合作项目。洛德表示,"博物馆项目包括设施、展览、项目、收藏、活动、研究、技术、筹款、战略规划和/或市场营销的活动"。与大多数博物馆一样,战略规划推动了该博物馆的项目。按照洛德的观点,"战略规划分配了团队成员,监督每个目标和行动进程,可将工作人员、理事会成员、委员会成员、志愿者和社区合作伙伴包括在内"。项目还包括设施更新、与关键纪念日相关的活动，或个别部门目标相关联的活动。洛德解释说，"每年2月，我们都会就年度计划、展览和活动展开讨论，项目从中诞生，工作人员和团队常在馆长的监督管理下运行这些项目"。

项目启动和团队组建

启动项目的过程包括与所有参与者一同召开介绍性会议，讨论出一个项目计划，包括甘特图和团队分配。作为一个小型博物馆，希洛项目团队通常由员工、理事会、社区成员和志愿者组成。以"欧扎克之旅：欧扎克斯的乐器制造者"（Ozark Journey: Instrument Makers of the Ozarks）为例，这是一个资助项目，涉及一个"迷你博物馆"的巡回展，内容里包括了音乐、文物、故事和小学教学辅助课程。该项目的重点是成功举办了前往地区小镇和缺少博物馆服务的社区进行外展服务。博物馆团队包括他们的外展协调员、教育专家、导演、阿肯色大学的代表和当地的中学教师。外联协调员负责带队。洛德表示，"团队通常有项目总监（与制定预算的人可能重合）、具有项目相关专业知识的员工和/或理事会成员、博物馆外的志愿者或合同雇员，以及书写评估和（如适用）报告书的成员"。

项目经理

项目经理的职责是负责管理团队工作，领导项目推进。大多数员工都有机会担任这一工作。正如洛德所说："根据项目的不同，项目经理可能是馆长，可能是普通工作人员，也可能是理事会成员。拨款项目及与战略规划相关的项目将设有一名预设项目负责人。部门项目几乎总是由部门工作人员担任负责人。"当承包商参与项目时，项目总监和/或具有相关专业知识的团队成员（如果适用）承担与承包商的联络工作。博物馆坚定支持与外部社区进行合作，作为具有专业知识的团队成员加入或作为支持者宣传他们的计划。

预算和融资项目

该博物馆的项目预算通常由馆长及团队成员、拨款申请撰写人和其他顾问协商决定。项目资金主要通过博物馆的年度运营预算提供，并且一定在启用之前得到落实。博物馆也通过寻求拨款和个人捐助的方式来支持项目开发，但目前没有设置正式的发展办公室。对于场馆升级等大型项目，将由理事和理事会主席负责领导。

沟通和团队活力

作为一个小型博物馆，希洛欧扎克历史博物馆将会议保持在最低频率，根据需要，使用电子邮件进行讨论，或由员工和理事会进行非正式讨论。每周的员工会议、每月的理事会会议和常规的市政部门负责人会议都是共享项目更新信息的好机会。与当地社区保持沟通非常重要，可以通过社交媒体和其他网络媒体完成。洛德在她的职业生涯中与许多团队合作过，有着丰富的经验，她认为规模不一定是成功的最重要因素；相反，它具有项目类型和有效工作关系所需的技能。她指出："团队成员不需要紧密合作，不需要进行持续的沟通，或者不需要相处融洽才能有良好表现。但奉献精神、技能和互相问责一定要有，或者至少通过项目总监得以确立。"与其他受访者一样，她认为"每个团队成员工作和承诺中的信任和信仰"是迈向成功的关键原因。关于团队矛盾，她强烈认为，项目总监的沟通和监督至关重要。如果出现冲突，应迅速解决问题。如果由于人格冲突或缺乏承诺和责任而无法解决问题，则需要更换团队成员的人选。团队里有些责任问题可能发生在团队成员不具备完成项目的能力、无法按时完成、有外部原因或障碍而无法及时完成等。

只要能够及时做出决策、调整进度或寻求其他资金，希洛欧扎克历史博物馆就能灵活应对如团队成员流失、项目范围变化等困难。

项目回顾

该博物馆执行了各种项目评估，包括员工和理事会的内部审查、项目结束后的团队讨论、正式外部观众评估和利益相关者的观点评估等。这些对于规划未来的工作很有帮助。关于员工获得的专业知识等项目实施的重要因素，可以通过观察团队成员或通过专业发展研讨会来完成。洛德认为，有效项目管理专业人士应具备以下技能：

- 人事管理，理解团队活力，懂得引导团队行动
- 预算管理和财务责任
- 认同和理解明确目标和后果
- 开发和使用工具（例如甘特图、评估结果、愿景设想练习）
- 灵活性，多任务处理的能力以及寻求帮助的开放心态
- 对项目及其成果的奉献和承诺
- 密切关注全局
- 项目领域的专业知识

艾琳·洛德在阿肯色州西北部的博物馆工作了 34 年，其中包括阿肯色大学博物馆（University of Arkansas Museum）和罗杰斯历史博物馆（Rogers Historical Museum）。她撰写了多本历史和博物馆书籍，担任美国博物馆联盟和美国博物馆与图书馆服务协会的审稿人，并积极参与阿肯色州及多家专业博物馆的工

作。自 2005 年以来，洛德一直担任博物馆理事会成员和工作人员，通过修订使命陈述、制定三轮战略规划、重组理事会和开发新徽标等活动，获得超过 26.3 万美元的捐款，使博物馆的捐赠增加了 152％。洛德相信专业服务的力量，特别喜欢与全国的中小型博物馆合作。她最近被授予了阿肯色州博物馆协会和东南博物馆联合会的终身成就奖。

密歇根博物馆协会

密歇根博物馆协会是一个致力于使用项目管理技术的组织。协会执行理事丽萨·克雷格·布里森（Lisa Craig Brisson）将项目管理应用于理事会管理当中，负责制定和实施密歇根博物馆协会的优先项目及战略规划。布里森参加了美国州与当地历史协会项目管理研讨会，并成为一名强有力的倡导者。作为执行理事和员工，她需要与理事会密切合作，并为成员争取和实施他们的计划。密歇根博物馆协会便是项目管理如何为小型企业的运营带来巨大变化的好例子。许多规模较小的博物馆都可以借鉴密歇根博物馆协会的模式。[12]

密歇根博物馆协会的理事会规划、决策过程及其项目团队的甄选流程遵循了第六章概述的项目管理模式。布里森本人已经加入理事会，并敏锐地意识到大多数理事会需要在简化其运营的同时，实现目标和平衡。战略规划对于确保组织的可持续性至关重要。布里森和理事会考虑了各种规划目标，并在决定优先级时考虑了几个因素。决策和实施框架如图 10.1 所示。这也是项目管理系统使密歇根博物馆协会运作起来的原因，管理阶段包括项目定义、项目规划、项目执行和最终评估。这是展示项目管理流程中主要活动的好方法。

布里森创建了一个模板作为项目任务书，概述了项目的所有关键假设和可交付成果，包括项目摘要、目标、风险评估、要求、约束条件和关键时间节点。由于实施了这种新方法，对项目定义做出实质性决定的密歇根博物馆协会理事会只有当工作涉及任务书中没有的内容时才参与规划和执行并评估其结果。其中一个关键因素是将理事会成员指定为项目团队的"代理人"或理事会联络员。理事会拥有丰富的经验，对这个系统充满热情。对项目的期待和项目流程已经与理事会的工作和组织机构的运营完美地结合在一起，成为规划的核心部分。理事会现在不是制定包含详细目标和多个行动步骤的详尽战略规划，而是开发一个战略"框架"，用于指导项目开展初期的定义阶段。布里森说，"使用项目管理系统可以使工作人员与理事会双方增加信任。我会信任理事会关于项目的决策，他们也会相信我们所做的一切可以使他们获得基础投入。系统建立了强有力的博物馆内部员工与理事会间的关联，也加强了理事会与馆长之间的联系。"

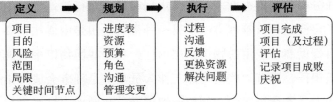

图 10.1　项目管理模式

由密歇根博物馆协会提供

密歇根博物馆协会使用项目管理的第二种方式是创建团队来执行项目。团队由协会成员组成，他们负责年度会议、研讨会、宣传日和筹款等项目。例如，对于年度会议，多达六个团队正在开展各种活动，包括规划、活动、奖励和奖学金、收入（赞助）、现场支持（志愿者）和沟通。每个团队都有一个任务列表和时间节点图。团队成员都是志愿者，并急切地寻求机会来建立领导技能以及与同事建立联系。布里森让团队使用 Basecamp 3 项目管理软件，监控项目进展，在成员间共享信息。

布里森拥有博物馆研究教育背景，曾在各种历史博物馆担任教育类的工作，在观众研究协会（Visitor Studies Association）工作过，并担任过人文科学教育和口译项目的顾问。对于那些考虑实施项目管理的机构，布里森建议，从小规模、简单的项目开始着手，慢慢地整个机构会变得更有效率。就像所有变革管理计划一样，这是一个明智的建议。

结　　论

本章中的案例研究反映了最佳实践的一些常见要素，包括制定任务书、制定进度表、团队规划和最终执行。每个博物馆都使用了自己的项目管理方法。另一种常见做法是由博物馆高层指定项目赞助商，或由博物馆高层出任，在一些博物馆中可能由执行馆长担任，还有一些是资深工作人员甚至是理事会成员出任项目责任人。本章描述的案例均反馈了调整和监理项目对项目经理来说都是家常便饭。此外，另一个共同的发现是，管理项目的工作人员都对该领域和该博物馆中所要应用到的功能有相当深入的了解。博物馆都意识到了培养下一代专业人员的必要性。通过本章提供的案例研究模型，及本书概述的正在进行的培训计划和其他资源，这项亟待推广的事业将在本领域逐渐发扬光大。

注释

1. 网址：http://cosi.org/about-cosi，访问于 2017 年 1 月 2 日。
2. 该案例研究基于 2016 年 11 月和 2017 年 1 月作者与科学与工业中心体验部高级主管乔什·萨维尔的访谈。
3. 该案例研究基于作者于 2016 年 10 月 24 日与凯西·弗兰克尔的访谈。
4. 网站 http://creeculturalinstitute.ca，访问于 2017 年 1 月 15 日。
5. 案例研究材料由作者于 2016 年 11 月至 2017 年 1 月与劳拉·菲利普斯的访谈提供。
6. 飞行博物馆网址，http://www.museumofflight.org，访问于 2016 年 12 月 27 日。
7. 案例材料由作者于 2016 年 10 月 14 日与飞行博物馆项目经理里克·哈丁的访谈提供。
8. 案例研究基于这项项目的员工向作者提供的电话和邮件非正式访谈和文档，这些员工包括战略项目总监佩吉·戴、前设施主管伊莱恩·哈金斯、藏品运营部主任凯丽·托马克，2016 年 10 月至 2017 年 1 月。
9. 这项案例研究中的信息和图表由 CEO Cinnamon Catlin-Legutko 在 2017 年 1 月 3—5 日通过邮件和电话访谈提供给

作者。

10 见第七章兰西奥尼对团队动力理论的讨论。

11 这项案例研究中的信息和图表由馆长辛纳姆在 2016 年 12 月—2017 年 1 月日通过邮件和电话访谈提供给作者。

12 信息和图表由执行理事丽萨·克雷格·布里森在 2016 年 11 月—2017 年 1 月通过邮件和电话交流提供给作者。

附录 A　展览计划模板

1. **展览标题**——预期的展览标题。
2. **项目经理**——被选来管理展览并编写计划的博物馆工作人员。负责管理展览规划、安装和评估。
3. **项目团队成员**——服务于展览开发团队的博物馆工作人员、承包商、顾问和志愿者。
4. **位置**——展览的确切地点。
5. **概述**——总结展览教育目标的综合陈述。
6. **论点陈述**——简单陈述或定义展览内容范围。
7. **战略目标**——对于博物馆与展览内容一致的战略目标的广泛重述。
8. **教育目标**——展览想要达到的特定教育成果,理想的情况下与 OBE 逻辑模型一致。
9. **利益相关者**——可以告知展览进展的个人-部落代表、教育工作者、人类学家,以及可能通过咨询委员会的会议或其他反馈渠道与该过程联系起来的人。
10. **资金信息**——确定资金来自何方,如果没有已知来源,则建议可能的资助者。
11. **观众**——展览的目标观众——儿童、学校团体、家庭、成年人和其他人。

12. **边界**——影响该展览的其他项目,反之亦然。

13. **里程碑**——逐步展示展览的进展和成功。

14. **截止日期和职责**——明确提交工作、工作各阶段、完成工作等具体日期。务必赶上截止日期,以确保项目的成功;因此,应仔细设定日期,并务必考虑限度和其他影响因素。需要在此确定负责关键截止日期和任务的博物馆工作人员。

表 A.1

任务	职责	截止日期

15. **预算**——逐条列出与此展览相关的费用,包括专门的工作时间。

16. **文件**——将任何以前的规划文件附加到计划中,以增加展览的成功率,例如展览示意图、参考书目等。

表 A.2

条目	用途	数量	成本	总计

由阿贝博物馆提供。

附录 B 展览的事后审查结果

展览名称：

参与者：

表 B.1

	哪里进展顺利	哪里进展不顺利	想法要点和机遇
总体概念 定义并完善目标和思路 内容 展品与图像 图形、样式与布局 媒体 开幕 评估 团队动力			
内容 旅行 面试 编辑流程 团队动力和决策过程 研究 内容介绍			
藏品 展品选择流程 图像选择 租赁流程 展品的布局和展示			

(续表)

	哪里进展顺利	哪里进展不顺利	想法要点和机遇
图像 样式表 布局 草绘 图文板 印刷 固定方式			
制作 预算 雇用 内部处理 承包商			
安装 藏品 图像 图文板			
公共关系 请柬/明信片 新闻报道 网络报道			
其他			

由阿贝博物馆提供。

附录 C 委员会任务书模板

阿贝博物馆

强烈建议每个委员会制定一份任务书,以便指导每个委员会的职责和目标。

委员会任务书将:

- 防止项目重合;
- 防止过度授权;
- 促进一致性;
- 创造积极的能量;
- 阐明所涉及工作的类型,这有助于任命委员会成员;
- 使委员会更好地管理项目/委员会预算

定义:

任务书——任务书是一份书面路线图,定义了委员会要处理的关键问题或时间,以及任何高级别的可交付成果。它还可能包括委员会构成成分或委员会与机构战略或运营目标之间的关系方面的信息。委员会任务书至少应该包括委员会目标和预期结果。

除了对委员会的描述,任务书还有助于建立委员会(和委员长）的权威。因此，理事会成员应关注任务书，以确保建立合理的委员会参数。主席应确定任务书为他们提供了足够的权威和资源来完成委员会的既定目标。

强烈建议在利益相关方之间公布和广泛传播委员会任务书。它们不应该是保密的，在委员会获得结果之前，理事会成员和其他利益相关者应该彻底审查任务书。

可交付成果——委员会工作的具体成果通常取决于特定的时间段，例如年度预算、历史保护项目、教育计划等等。

元素：

每份任务书都应该围绕这些要素编写。可以在需要时插入部分任务书。每个元素的解释如下。

委员会概览——这是一个总结性陈述，总结了所涉及的目的、目标和资源（委员会成员是资源）。

范围——一条简短的声明，或者定义哪些是委员会的影响范围，哪些不是。可以在这里定义权限。

目标——逐个列出委员会的目标和责任。职责管理可以在这里定义。

战略目标——博物馆战略目标的广泛重申，说明了委员会与更广泛的战略计划的一致性。

评估/交付——您如何知道委员会遵循着任务书或使命？评估包括：证明或认证。交付包括：有效的捐赠、资金改善、具体行动计划等等。

预算/资金信息——如果委员会的成功需要财政支持，资金将从哪里来？

客户——谁将从委员会中受益？广大市民、理事会、普通会员、员工还是其他人？

边界——其他委员会或项目会影响该委员会，反之亦然？

里程碑——表明委员会的进展和成功。

期限——提交工作、完成项目的固定和具体日期。务必赶上截止日期，以确保成功；因此，需要谨慎设定日期并考虑限度和其他影响因素。

支持性文件——将任何以前的计划文档添加到任务书中，例如规章制度、摘录、项目规范等。

任务书管理：

每份任务书完成后将得到所有相关委员会成员的审批，并在下一次理事会议上提交批准（机构也可以决定委员会的批准是否充分）。

如果任务书有任何变更，会有附录附在原始任务书上。任务书只是象征性的不可变更。

所有任务书和任何附录都将保存在中心位置，供理事会成员、员工和普通会员使用（如果适用的话）。

所有任务书应在不迟于指定的理事会会议日期之前获得批准。委员会应在第一次会议期间制定任务书。

任务书应该每三年进行一次审查并尽可能地修改，或根据需要进行审查和修订。

附录 D 职 责 表

阶段	产品	组成部分	责任人
创意	利益相关者分析		领导团队/赞助商
前概念	调研报告		项目赞助商
		行业综述	项目赞助商
		文献综述	项目赞助商
		前置评估报告	高级评估总监
	逻辑模型		项目赞助商
	前概念叙事		项目赞助商
		项目描述	项目赞助商
		项目预算（预估）	高级体验设计与产品总监
		项目时间进度（预估）	高级体验设计与产品总监
开发	资金来源		领导团队/赞助商
行政	工作说明		领导团队/赞助商
	项目任务书		项目赞助商
	详细的项目时间表（工作分解结构）		项目经理
	项目报告		项目经理
概念	概念陈述		项目经理
		体验主题	项目经理
		项目预算试算表（预估）	项目经理
		组成部分简介	联合制作人
		草图	展览设计师

(续表)

阶段	产品	组成部分	责任人
设计	设计说明		项目经理
		组成部分预算测算表（终板）	联合制作人
		要素简介	联合制作人
		原型	制造者
		详细图纸	展览设计师
	形成性评估		项目评估者
制作	展览完成		项目经理
	组件完成		联合制作人
		展览制作	制造者
		操作手册	联合制作人
		程序手册	联合制作人
	评估补救		项目评估者
	预算补救		项目经理
	完工补救		联合制作人
		制作补救	制造者
实施	实施陈述		项目经理
		操作文件	项目经理
		操作/维护预算	联合制作人
	培训		联合制作人
结束	项目结束		项目赞助商
		评估报告	高级评估总监
		结束庆功	项目经理
		项目文件	项目经理

本表由科学与工业中心提供。

附录 E　展览项目任务书

史密森美国历史博物馆
任务书示例
日期：
致：项目总监
来自：约翰·L. 格雷（John L. Gray）★
主题：展览任务书

1. **项目：**
2. **开幕日期：**
3. **地点：**
4. **关键信息描述：**
5. **项目团队成员：**
   项目总监：
   策展人：
   项目经理：
   藏品经理：
   设计师：
   释展策划人：

6. **预算：**
7. **调度表/交付：**
   设计：
   审查：
   产品就位：
   安装：

附录F 项目提案表

表 F.1 内布拉斯加州历史学会项目提案表

提案项目名称	
提交人	日期
项目目标(目标应简明扼要,以便在项目完成之后进行评估,看看他们是否实现了。目标应该是具体并可以衡量的)	
这对于内布拉斯加州历史学会来说能实现什么机会?(或者它解决了什么问题?)	
项目交付(项目在完成的时候会包含什么?)	
你将如何评估该项目的成功?(你会使用什么评估技术?)	
预计(将提供哪些资源,你需要哪些人的帮助,以及你将对项目做出哪些承诺?)	
制约因素和风险(什么会导致这个项目脱轨?最可能的失败原因是什么?)	

(续表)

预算（粗略预算和潜在的资金来源）	
草案时间表（项目什么时候开始和结束？如果已知的话，列出主要里程碑）	
该项目的潜在团队成员	
其他评论或信息	
项目批准日期：	指定的项目经理：
批准人：	签名：

在制定提案时，请记住所有项目**必须**：

1. 至少与一个（最好是多个）战略规划目标密切相关。

2. 明确定义可评估的目标。

3. 评估如何实现这些目标的成功。

4. 建立或支持其他团队的工作。

5. 为我们的投资提供积极的回报。

此外，**强烈鼓励**内布拉斯加州历史学会的项目以：

1. 传播内布拉斯加州历史学会的价值和价值观。

2. 展示内布拉斯加州历史学会提供和搭配出售的其他项目或机会。

3. 鼓励内布拉斯加州历史学会的会员制。

本表由内布拉斯加州历史学会提供。

附录 G　假设性项目规划练习

中西部不寻常物品博物馆（the Midwest Museum of Unusual Stuff）正在考虑一个关于"白宫之犬"的展览。当地收藏家伊玛·航德（Ima Hound）已经累积了 50 多件展品，包括油画、卡通画、照片、狗玩具和项圈、罕见的约翰逊总统的狗耳，以及由包括木头、纸板、亮片椰子壳等不同材料制成的总统狗面具。后者在过去 30 年的 11 月选举之前会被收藏家佩戴在各种万圣节派对上。

9 月 1 日，博物馆理事长要求馆长尽一切可能在 10 月 30 日万圣节前夕开放这个展览。

博物馆组建了由以下员工为成员的团队：

馆长

　　办公室主任

　　"不寻常物品"的策展人（研究员）

　　图书馆员/档案馆员

　　登录员

　　教育者

　　讲解协调员

　　展览策展人/设计师

设备经理

发展办公室主任

不断变化的展厅目前正在举办巡回展览，10月25日结束。"白宫之犬"展览将需要解决以下事项：租赁协商、保护与修复、展览设计、制作与安装、筹款、市场营销、讲解培训，以及准备展厅与墙面更新。

任务包括：

1. 决定哪些员工需要加入项目团队（核心与扩展团队）。
2. 建议开放展览的时间表。
3. 注意需要以什么顺序进行哪些活动。

哪些地方可能出错？

本文由作者提供。

附录 H　假设性团队规划练习

河城科学博物馆（the River City Science Museum）最近收到了一家制药公司的重金承诺，赞助一项关于"美国健康"的展览。策展人杰克·马拉迪（Jack Malady）在馆长玛丽·苏莱特（Mary Sureright）的要求下与展览设计师密切合作，制定了范围、时间表、预算和展览文字脚本。

在展览开放前的大约三个月，马拉迪向馆长汇报了展览计划，馆长立即将其转交给登录员、保管员、教育者和博物馆发展办公室向他们征求意见。第一个回复的是登录员，他告诉馆长有两项正在进行中的大型外展的租赁，一项是大型年终礼品加工，一项是待处理的藏品搬运，无法在不雇用外界帮助的情况下处理"美国健康"展的租赁事宜。他还说道，"这里的士气真的非常低迷。这个新展览会要命的！"保管员提醒大家她有多忙，并说道，"你们为这个展览选择的展品中至少有 30% 需要大量工作"。教育者说，"让我们做一些大胆的事情……发起公众投票，让公众为他们想在这次展览中看到哪些展品来投票！收集这些信息只需要几周时间"。

预算：馆长向一家外部制作公司询问了估价，由于河城几家博物馆都在举办新的轰动展览，这种不常见的需求使得他们的工作人员出现了短缺。他们可以在3个月内完成健康展的工作，但费用会高于正常水平。马拉迪的预算增加了两倍。发展部主任看着报上来的预算说，"这远远超过了赞助者所承诺的额度"，"而且，这笔资金要到明年才能到账。"

当苏莱特接到来自理事会主席罗杰·兰特（Roger Rant）的紧急电话时，她正在为一个高级员工会议收集所有有关这个问题的信息。兰特正在阅读有关史密森学会展览资助的几篇文章，他颇感担忧。他说，"史密森这个展览接受了赞助商的钱，其所从事的业务与你们的展览主题是一样的"。

当苏莱特与她的高级职员会面时，她说，"我们在河城遇到了麻烦！"她概述了所有的事实并说道，"我们要怎么收拾这个烂摊子？"在你的小组里，请审查情况并考虑河城科学博物馆如何解决这个问题。需要考虑项目管理、决策、员工士气和博物馆伦理的基本原理。

应该用什么程序来制定可靠的预算和实际的时间表？

需要谁参与展览的决策？博物馆将如何获得额外的资金或资源？现金流是一个问题吗？

藏品或制作计划需要改变吗？如果开幕日期必须改变，博物馆将如何应对公众反应？

鉴于这种情况，需要采取哪些措施来提升员工的士气？

考虑到理事会主席关注的问题，博物馆如何处理与外部赞助者的关系？这里有伦理道德问题吗？需要新政策吗？

河城组织架构包括：
策展

游客体验

发展/公共关系

登录

保管

行政

技术

本文由作者提供。

参 考 文 献

Ackerson, Anne W., and Joan H. Baldwin. *Leadership Matters*. Lanham, MD: AltaMira Press, 2014.
Adizes, Ichak. *Managing Corporate Lifecycles*. Paramus: Prentice Hall, 1999.
Anderson, Gail. *Museum Mission Statements: Building a Distinct Identity*. Washington, DC: American Association of Museums, 1998.
Baker, Sunny, and Kim Baker. *On Time/On Budget*. Paramus: Prentice Hall, 1992.
Bergeron, Anne, and Beth Tuttle. *Magnetic: The Art and Science of Engagement*. Washington DC: American Association of Museums Press, 2013.
Bolman, Lee G., and Terrence E. Deal. *Reframing Organizations*. New York: John Wiley, 2008.
Carpenter, Julie. *Project Management in Libraries, Archives and Museums: Working with Government and Other External Partners*. London: Elsevier, 2010.
Chew, Ron. "Forum: Toward a More Agile Model of Exhibition Making." *Museum News* 79 (2000): 6.
Collins, James C. *Good to Great*. New York: HarperBusiness, 2001.
———. *Good to Great and the Social Sectors: Why Business Thinking Is Not the Answer*. New York: HarperBusiness, 2005.
Crimm, Walter, Martha Morris, and L. Carole Wharton. *Planning Successful Museum Building Projects*. Lanham, MD: AltaMira Press, 2009.
Davies, Maurice, and Lucy Shaw. "Diversifying the Museum Workforce: The Diversify Scheme and Its Impact on Participants' Careers." *Museum Management and Curatorship* 28, no. 2 (2013): 172–92.
Dean, David K. "Planning for Success: Project Management for Museum Exhibitions." In *International Handbooks of Museum Studies* (Hoboken: John Wiley & Sons), 2015. Published online at http://onlinelibrary.wiley.com/doi/10.1002/9781118829059.wbihms216/full.
Drucker, Peter. *Managing the Nonprofit Organization*. New York: HarperCollins, 1990.

Edmondson, Amy. *Teaming: How Organizations Learn, Innovate, and Compete in the Knowledge Economy*. San Francisco: Jossey-Bass, 2012.

Falk, John, and Beverly Sheppard. *Thriving in the Knowledge Age*. Lanham, MD: AltaMira Press, 2006.

Faron, Rich et al. "Exhibitors at the Crossroads: Building Better Museum Teams." *Exhibitionist* 24, no. 2 (2005): 44–48.

Faron, Rich, and Susan Curran. "Team Building: Thoughts on Working Well with Others." *Exhibitionist* 26, no. 2 (2007): 32–38.

Fisher, Roger, and William Ury. *Getting to Yes*. New York: Penguin Books, 1991.

Frame, J. Davidson. *Managing Projects in Organizations*. San Francisco: Jossey-Bass, 2003.

Genoways, Hugh, Lynne M. Ireland, and Cinnamon Catlin-Legutko. *Museum Administration 2.0*. Lanham, MD: Rowman & Littlefield, 2017.

Gurian, Elaine Heumann. *Institutional Trauma*. Washington, DC: American Association of Museums, 1995.

Heifetz, Ronald, and Donald Laurie. *The Practice of Adaptive Leadership*. Boston: Harvard Business Press, 2009.

Hersey, Paul, Kenneth H. Blanchard, and Dewey E. Johnson. *Management of Organizational Behavior*, 10th ed. Gambrills, MD: Pearson, 2013.

Janes, Robert. *Museums and the Paradox of Change*. Calgary: Glenbow Museum and the University of Calgary Press, 1997.

Katzenbach, Jon R., and Douglas K. Smith. *The Wisdom of Teams*. New York: HarperCollins, 2003.

Kayser, Thomas A. *Mining Group Gold*. El Segundo: Serif Publishing, 1990.

Keene, Suzanne. *Managing Conservation in Museums*. London: Routledge, 2002.

Knowles, Loraine. "Project Management in Practice: The Museum of Liverpool Life." In *Management in Museums*, edited by Kevin Moore, 113–48. London: Althone Press, 1999.

La Piana, David. *The Nonprofit Strategy Revolution*. New York: Fieldstone Alliance, 2008.

Lee, Charlotte P. "Reconsidering Conflict in Exhibition Development Teams." *Museum Management and Curatorship* 22, no. 2 (2007): 183–99.

Lencioni, Patrick. *The Five Dysfunctions of a Team*. San Francisco: Jossey-Bass, 2002.

Lewis, James P. *Team-Based Project Management*. New York: American Management Association, 1998.

Lord, Barry, and Maria Piacente. *Manual of Museum Exhibitions*. Lanham, MD: Rowman & Littlefield, 2014.

Lord, Gail Dexter, and Barry Lord. *The Manual of Museum Management*. Lanham, MD: AltaMira Press, 2009.

Lord, Gail Dexter, Barry Lord, and Lindsay Martin. *The Manual of Museum Planning*. Lanham, MD: AltaMira Press, 2012.

Lord, Gail Dexter, and Kate Markert. *The Manual of Strategic Planning for Museums*. Lanham, MD: AltaMira Press, 2007.

McKenna-Cress, Polly, and Janet Kamien. *Creating Exhibitions*. New York: John Wiley and Sons, 2013.

Merritt, Elizabeth, and Victoria Garvin. *Secrets of Institutional Planning*. Washington, DC: American Association of Museums, 2007.

Morris, Martha. "Recent Trends in Exhibition Development." *Exhibitionist* 21, no. 1 (2002): 8–12.

———. "Staff Development and Training at the National Museum of American History." *ICOM Study Series* 10 (2002): 19–20.

———. "Vision, Values, Voice: The Leadership Challenge." In *Museum Studies*, edited by Stephen Williams and Catharine A. Hawks, 35–46. Society for the Preservation of Natural History Collections, 2006.

Myerson, Debra. *Tempered Radicals: How Everyday Leaders Inspire Change at Work*. Cambridge: Harvard Business School Press, 2003.

Norris, Linda, and Rainey Tisdale. *Creativity in Museum Practice*. Walnut Creek, CA: Left Coast Press, 2014.

Patterson, K., J. Grenny, R. McMillan, and A. Switzler. *Crucial Conversations: Tools for Talking When Stakes Are High*. New York: McGraw-Hill, 2002.

Rounds, Jay, and Nancy McIlvaney. "Who's Using the Team Process? How's It Going?" *Exhibitionist* 19, no. 1 (2000): 3–15.

Senge, Peter. *The Fifth Discipline: The Art & Practice of the Learning Organization*. New York: Doubleday, 1990.

Zimmerman, Steve, and Jeanne Bell. *The Sustainability Mindset: Using the Matrix Map to Make Strategic Decisions*. San Francisco: Jossey-Bass, 2015.

索　引

注：图表以斜体显示页码

克里族文化学院 Aanischaaukamikw Cree Cultural Institute，149；评估 evaluation，152—153；项目监督 monitoring projects，151—52；项目团队 project team，150—51；项目管理模板 project management template，150

阿贝博物馆 Abbe Museum，170；任务书 charter，172，*186—88*；信息分享 information sharing，171；团队动力 team dynamics，171；事后审查结果 post mortem Results，*184—85*

亚当斯，G. 罗利 Adams, G. Rollie，64

敏捷项目管理 Agile Project Management，89，94n5，123，134

美国博物馆联盟 American Alliance of Museums（AAM），12，135；认证 accreditation，9，187；《趋势观察》TrendsWatch，12

美国州与地方历史协会 American Association for State and Local History（AASLH），x，2，65，109；项目管理工作坊 Project Management Workshop，176

安德森，盖尔 Anderson, Gail，14

美术馆馆长协会 Association of Art Museum Directors（AAMD），33

平衡记分卡 Balanced Scorecard，134

标杆 benchmarking，6，13，92，134—35，158

本宁顿博物馆 Bennington Museum，164；评估 evaluation，168—170；财务 financing，167—68；会议 meetings，167；翻新 renovation，165—66；利益相关者 stakeholders，166；团队 team，167

伯杰龙，安妮 Bergeron, Anne，134

布里森，丽萨·克雷格，Brisson, Lisa Craig，176—178

建筑项目 building projects，156
伯恩斯，罗伯特 Burns, Robert，26

卡特琳-来古特科，辛纳姆 Catlin-Legutko, Cinnamon，171—72
赵植平 Chew, Ron，89
芝加哥历史博物馆 Chicago History Museum，24
柯林斯，吉姆 Collins, Jim，54
沟通 communication，项目中的 in projects：关键对话 crucial conversations，125—126；会议 meetings，120—124；团队 team，118—120
冲突 conflict，122，124—126，136，145，175
科科伦艺术馆 Corcoran Gallery of Art，2，45
科学与工业中心 COSI，142；职责表 accountability chart，189—91；沟通与调整 communications and adjustments，144—45；评估 evaluation，145；项目管理系统 project management systems，142—44；团队工作 teamwork，145
成本/收益分析 cost/benefit analysis，73，74

戴，佩吉 Day, Peggy，157，161，163
戴维斯，莫里斯 Davies, Maurice，33
决策 decision making：道德规范 ethics，5；矩阵 matrix，3；流程 process，58—59
特拉华州艺术博物馆 Delaware Art Museum，2
丹佛自然与科学博物馆 Denver Museum of Nature and Science，157；建筑奖 Buildy Award，157；沟通 communications，161；成功评估 evaluation of success，163—64；筹资 financing，159—60；动机 motivation，158；规划 planning，158；项目团队 project team，160；项目经理 project manager，162—63；时间线 Timeline，159
德鲁克，彼得 Drucker, Peter，5，14，44
杜尔，约翰 Durel, John，23—24，27，32

"能源探险者" Energy Explores，见科学与工业中心 COSI
情商 emotional intelligence，54
伦理资源研究所 Ethics Resource Institute，58
展览计划模板 exhibit plan template，171，181—183
项目评估 evaluation of projects，131；平衡记分卡 balanced scorecard，134；经验教训 lessons learned，138；标准 metrics，89—90；项目 of projects，131—132；以结果为基础 outcome-based，132；成功评估 success measures，135—38；全面质量管理 total quality management，132—33

可行性（项目）feasibility（of project），72—75

弗里斯-汉森，达娜 Friis-Hansen, Dana, 26

弗雷姆，J. 戴维森 Frame, J. Davidson, 98

弗兰克尔，凯西 Frankel, Cathy, 147

（项目）资金 funding（of project），87—88

甘特，亨利 Gantt, Henry, 5

甘特图 Gantt chart, 82, 173, 176

代际差异 generational differences, 32

盖蒂基金会 Getty Foundation, 2, 65

戈尔曼，丹尼尔 Goleman, Daniel, 54—55

大急流艺术博物馆 Grand Rapids Art Museum, 26

古莱恩，伊莱恩 Gurian, Elaine, 24

哈丁，里克 Hardin, Rick, 154—56

哈金斯，伊莱恩 Harkins, Elaine, 157

海费茨，罗纳德 Heifetz, Ronald, 56—57

亨利·福特汽车博物馆 Henry Ford Museum, 14, 15

假设性练习 hypothetical exercise, 192—198

伊利诺伊州立博物馆 Illinois State Museum, 2

（项目）实施 implementation（of projects），88

博物馆与图书馆服务协会 Institute of Museum and Library Services (IMLS), 11, 37, 109, 132, 176

国际良知遗址联盟 International Coalition of Sites of Conscience, 170

保罗·盖蒂博物馆 J. Paul Getty Museum, 108

简斯，罗伯特 Janes, Robert, 62—63

琼斯，特雷弗 Jones, Trevor, 21, 76—77

卡岑巴赫 Katzenbach, Jon, 97

肯尼迪，布赖恩 Kennedy, Brian, 24

科特，约翰 Kotter, John, 55

知识社会 Knowledge Society, 5

拉·皮亚纳，戴维 La Piana, David, 20—21

领导力 leadership: 适应性的 adaptive, 56—57; 领导者与管理者 leaders vs. managers, 51—52; 参与的 participative, 59; 情境的 situational, 53

学习风格 learning styles, 115; PAEI, 117; 性格色彩评估 True Colors, 116

学习型组织 learning organization, 55

兰西奥尼，帕特里克 Lencioni, Patrick, 118

洛德，艾琳 Lord, Allyn, 173—176

矩阵图 Matrix Map, 18—19, 21

管理 management：行为的 behavioral, 5, 7, 54, 69；从中间 from the middle, 126—28；科学的 scientific, 5, 7, 69；总体素质 total quality, 5, 64, 138

马特克艺术与历史博物馆 Mattuck Museum of Art and History, 26

梅里特，伊丽莎白 Merritt, Elizabeth, 13

密歇根博物馆协会 Michigan Museums Association, 176；理事会联络员 board liaison, 178；项目团队 project teams, 178；战略规划模板 strategic planning template, 177

米勒，史蒂文 Miller, Steven, 170

博物馆领导者 museum leaders：功能的 functions, 60；最佳实践 best practices, 61—62；培训 training, 64—66

博物馆学 museum studies, ix, x, 2, 33, 65, 95, 178, 205

西雅图飞行博物馆 Museum of Flight, Seattle, 154；团队动力 team dynamics, 156；项目管理 project management, 155—56

英国博物馆协会 Museums Association of Great Britain, 32

国家建筑博物馆 National Building Museum，见夏季街区派对 Summer Block Party

美国国家设计院 National Academy of Design, 2

美国国家基金会 National Endowment, 3, 11, 33, 159

美国国家历史博物馆 National Museum of American History, ix, 13, 15, 42, 70, 76, 123, 126

美洲印第安人国家博物馆 National Museum of the American Indian, 90—91

美国国家科学基金会 National Science Foundation, 3, 159

内布拉斯加州历史学会 Nebraska State Historical Society, 76, 193—94

纽约公共图书馆 New York Public Library, 138

奥克兰博物馆 Oakland Museum, 16

组织工作 organizing work, 34—37

项目团队的组织结构 organization of project teams, 97—100

组织变动 organizational change, 55—56

组织模型 organizational models：临时的 adhoc, 36；层级模型 hierarchical, 34, 35；矩阵模型 matrix, 37；三叶草模型 shamrock, 35

基于结果的评估 outcome-based evaluation, 132

帕尔赞,米迦 Parzan, Micah, 25

帕尔米耶里,杰西卡 Palmieri, Jessica, 108—09

菲利普斯,劳拉 Phillips, Laura, 150—154

波特兰艺术博物馆 Portland Art Museum, 14, *15*

项目管理 project management:审批程序 approval process, 75, 77;成本效益分析 cost-benefit analysis, 73—74;定义 definition, 70;灵活性 feasibility, 72—75;历史 history, 69;博物馆内 in museums, 70;政策与程序 policy and procedure, 90;工作坊 workshop, 109

美国项目管理协会 Project Management Institute(PMI), 69

项目经理 project manager:和藏品 and collections, 108—9;以及 PMI, 109—110;角色 roles, 105—110

项目生命周期 project life cycle, 71

项目规划 project plan:任务书 charter, 79—80;甘特图 Gantt chart, 82;预算 budget, 85—87, 92;关键路径 critical path, 83—84;任务分析 task analysis, 82—83;PERT, 84;软件 software, 85

项目资金 project funding, 87—88;现金流 cash flow, 92;生命周期成本 life cycle costs, 92

项目团队 project teams:职责制 accountabilit, 93, 124;形成 forming, 81—83;博物馆内 in museums, 95—95;矩阵 matrix, 98;成功的 successful, 96—97

资源平衡 resource leveling, 79, 89, 145, 163

林德,蔡斯 Rynd, Chase, 63

塞缪尔·P.哈恩艺术博物馆 Samuel P. Harn Museum of Art, 17

圣地亚哥人类博物馆 San Diego Museum of Man, 25, 60

萨维尔,乔什 Sarver, Josh, 136, 142—46

森奇,彼得 Senge, Peter, 55, 57, 102

《一成不变》*Set in stone*, 134

夏皮罗,斯蒂芬妮 Shapiro, Stephanie, 110

希洛欧扎克历史博物馆 Shiloh Museum of Ozark History, 172;预算与资金 budget and financing, 174;沟通与团队动力 communications and team dynamics, 174;评估 evaluation, 175—76;启动项目和形成团队 launching the project and forming the team, 173;博物馆规划和项目管理 museum planning and project management, 173;项目经理的角色 project manager role, 174

斯帕克斯,乔治 Sparks, George, 157

斯特布勒,克里斯塔 Stabler,

Christa, 90—91

员工 staff：承包商 contractors, 39；岗前培训 orientation, 40；绩效管理 performance management, 41—43, 60；位置描述 position description, 38；招聘 recruiting, 38—40；设置工资 setting salaries, 39；劳动技能 workforce skills, 37；职场伦理 workplace ethics, 46—48；志愿者 volunteers, 41

战略规划过程 strategic planning process：环境分析 environmental analysis, 10；评估 evaluation, 20；总目标与分目标 goals and objectives, 13, 16, 18, 25；实施 implementation, 20；使命陈述 mission statement, 14, 15, 24；资源 resources, 10, 17—18, 21；SWOT, 10, 12—13, 16, 20, 27；价值声明 values statement, 16, 47—48, 60；愿景声明 vision statement, 14—16

战略思考 strategic thinking, 6, 16, 21, 23—24, 57, 65

战略图景 strategy screen, 21—22

夏季街区派对装置展 Summer Block Party, 146；评估 evaluation, 148—49；结果 outcomes, 148；项目管理 project management, 147—48

泰勒，弗雷德里克 Taylor, Frederick, 5

团队 teams：职责制 accountability, 124；与承包商 and contractors, 104—105；合作与信任 collaboration and trust, 118；实践社区 communities of practice, 113—114；核心与拓展 core and extended, 102—03；决策过程 decision process, 122—123；无私的 egoless, 99；合弄制 holocracy, 99；高绩效 high-performing, 113；同构的 isomorphic, 99；会员制 membership, 100—101；职责表 responsibility chart, 104；抵抗 resistance to, 101—102；发展阶段 stages of development, 114；自我管理 self-managed, 63, 96, 99—100；外科的 surgical, 98

特尔钦-卡茨，劳伦 Telchin-Katz, Lauren, 126

汤普森，加里 Thompson, Gary, 24

托莱多艺术博物馆 Toledo Museum of Art, 24, 25

托马克，凯丽 Tomajko, Kelly, 157, 162

塔特尔，贝丝 Tuttle, Beth, 134

图斯，丹尼尔 Tuss, Daniel, 126

变幻莫测的时代 VUCA, 56

沃纳，简 Werner, Jane, 63

劳动力 workforce：多样性 diversity, 33, 45；博物馆 museum, 31—33

图书在版编目(CIP)数据

博物馆人员与项目管理：有效策略/(美)玛莎·莫里斯(MARTHA MORRIS)著；蒋臻颖译．—上海：复旦大学出版社，2022.10
(世界博物馆最新发展译丛/宋娴主编．第二辑)
书名原文：Managing People and Projects in Museums: Strategies that Work
ISBN 978-7-309-16253-0

Ⅰ.①博… Ⅱ.①玛… ②蒋… Ⅲ.①博物馆-人力资源管理-研究②博物馆-项目管理-研究 Ⅳ.①G261

中国版本图书馆 CIP 数据核字(2022)第 122403 号

MANAGING PEOPLE AND PROJECTS IN MUSUEMS: Strategies that Work by Martha Morris
Copyright © The Rowman & Littlefield Publishing Group Inc., 2017
Published by agreement with the Rowman & Littlefield Publishing Group through the Chinese Connection Agency, a division of The Yao Enterprises, LLC.

上海市版权著作权合同登记号：图字 09-2019-075

博物馆人员与项目管理：有效策略
[美]玛莎·莫里斯(MARTHA MORRIS) 著
蒋臻颖 译
责任编辑/方尚芩

复旦大学出版社有限公司出版发行
上海市国权路 579 号　邮编：200433
网址：fupnet@fudanpress.com　http://www.fudanpress.com
门市零售：86-21-65102580　团体订购：86-21-65104505
出版部电话：86-21-65642845
上海盛通时代印刷有限公司

开本 890×1240　1/32　印张 7.5　字数 168 千
2022 年 10 月第 1 版
2022 年 10 月第 1 版第 1 次印刷

ISBN 978-7-309-16253-0/G·2381
定价：48.00 元

如有印装质量问题，请向复旦大学出版社有限公司出版部调换。
版权所有　侵权必究